AGRICULTURE

DE PARTIE

DU POITOU.

Niort. — Imprimerie de ROBIN et Cie.

AGRICULTURE

DE PARTIE

DU POITOU,

Par M. SAUZEAU (ALIX),

CULTIVATEUR A GRANZAY (DEUX-SÈVRES).

NIORT,

ROBIN ET Cie, LIBRAIRES ET LITHOGRAPHES,

RUE SAINT-JEAN, 6.

1844.

AVANT-PROPOS.

—

Un voyageur qui ferait, aujourd'hui, une excursion agronomique dans les départemens de l'ancienne province du Poitou, serait justement frappé de l'aspect du grand nombre de prairies artificielles qui couvrent le sol; il le serait encore plus s'il eut parcouru ces contrées il a environ vingt-cinq ou trente ans, époque à peu près à laquelle on peut y faire remonter l'introduction des plantes fourragères dans l'assolement des cultures.

On serait séduit à la première vue : et, sous le coup des premières impressions, on serait tout disposé à juger de la manière la plus favorable l'Agriculture du Poitou. Une telle quantité de plantes fourragères donne à supposer toutes les conséquences qu'elle devrait nécessairement entraîner, c'est-à-dire un nombre considérable de bestiaux, un surcroît énorme de fumiers, et, par suite, l'accroissement progressif de la fécondité des terres cultivées.

Mais la désillusion ne tarde pas à arriver ; un examen un peu plus approfondi vient bientôt convaincre que cette culture est bien loin d'être parfaite, qu'elle n'est qu'un abus de l'un des nombreux élémens de l'Agriculture raisonnée, qu'elle est, par conséquent, incomplète, et qu'elle doit nécessairement, tôt ou tard, produire des effets peut-être désastreux, si les cultivateurs ne se hâtent pas d'entrer plus avant dans la bonne voie, et d'apporter des modifications au système absolu auquel ils obéissent.

Ce n'est pas que l'introduction des prairies artificielles n'ait, comme partout ailleurs, produit beaucoup de bien dans le Poitou. Elles ont, dans les plaines, remplacé une portion des jachères, et supprimé une assez grande partie des parcours et vaines pâtures ;

Elles ont augmenté la quantité des fourrages, c'est évident ; mais pourtant bien moins qu'on ne serait tenté de le croire, en considérant la grande étendue de terrain qu'elles couvrent ;

Elles ont fait augmenter le nombre des bestiaux, très faiblement pourtant et bien loin de la porportion à laquelle on aurait dû s'attendre ;

Elles ont attiré beaucoup de capitaux par l'exportation de leurs graines, tant à l'étranger que dans les autres parties de la France, où l'on n'en récolte pas ;

Elles ont occasionné le doublement du prix des terres propres à leur culture.

Sans doute que de tels effets sont d'une grande valeur et doivent être comptés en faveur de l'Agriculture du Poitou : c'est avoir marché que d'en être là.

Mais, disons-le de suite, c'est n'avoir fait qu'un pas en avant dans une route où il en reste encore beaucoup à faire, et où l'on ne peut pas s'arrêter impunément.

C'est avoir abusé, outre mesure, d'une chose essentiellement bonne par elle-même, au lieu d'en avoir usé avec sagesse et avec mesure ; aussi ne craignons-nous pas de dire que les inconvéniens de l'abus ne tarderont pas à se faire sentir, à moins que l'on ne s'empresse de faire un autre pas en avant, et d'apporter ainsi un remède au mal qui peut facilement encore être conjuré.

Le danger qui nous préoccupe et que nous voulons signaler, comme résultant de l'excessive extension des prairies artificielles n'est point imaginaire. Il est, au contraire, très réel, et la conséquence logique de la violation de principes positifs dont on s'est écarté, mais dans lesquels il suffit de rentrer pour que le danger disparaisse.

Pour agir avec méthode, nous croyons devoir commencer par rappeler, en peu de mots, ces principes qui, bien connus des agriculteurs, que j'appellerai savans, parce qu'ils savent unir la théorie à la pratique, ne le sont guère, et semblent même ne pas l'être du tout, de la généralité des cultivateurs.

AGRICULTURE

DE PARTIE

DU POITOU.

Principes généraux en Agriculture.

———

L'Agriculture est tout à la fois une science et un art.

Ce serait trop nous écarter de notre sujet, que de l'envisager ici comme science, puisqu'elle comprend elle-même, dans son domaine, une foule d'autres sciences pour chacune desquelles toute l'existence d'un homme, qui se livre à l'étudier, est à peine suffisante.

Ainsi, elle comprend la botanique, la physiologie végétale, la chimie organique, la physique, la géologie, la mécanique, l'art des constructions agricoles, l'art

des irrigations, l'économie politique, la médecine
vétérinaire, la physiologie animale, l'horticulture.

Voilà ce qu'il faut savoir et savoir à fond pour posséder la science agricole, c'est beaucoup trop pour nous.
Aussi, en nous aidant de ce que la science nous a enseigné, nous en tiendrons-nous à l'art agricole, que
nous sentons le besoin de définir comme nous le comprenons.

L'Agriculture est l'art de faire donner à la terre
la plus grande somme de produits, avec le moins de
frais possible, non-seulement tout en ne l'épuisant
pas, mais encore en l'améliorant et augmentant sa
fécondité.

Ainsi, en Agriculture, il faut trois choses principales, essentielles et marchant ensemble.

1° Produire beaucoup. Cultivateurs intelligens ou
non-intelligens, raisonnant ou ne raisonnant pas, tous,
sans exception, cherchent à atteindre ce but. Ce premier point est donc incontestable.

2° Produire avec le moins de frais possible. On
conçoit qu'une industrie qui fournirait ses produits à
perte, ou dont les frais balanceraient les bénéfices, ne
serait plus une industrie et devrait être abandonnée
sans retard. La diminution dans les frais de production doit, au contraire, amener une production plus
considérable, au grand avantage et des producteurs
et des consommateurs. Ce second point de notre définition ne peut donc pas être contesté.

Et 3° ne pas épuiser le sol sur lequel on opère, et,
au contraire, l'améliorer successivement : c'est-à-dire
tirer du sein de la terre la plus grande somme de richesses, tout en la mettant à même d'en fournir de
plus grandes encore, comme but à atteindre, cette

troisième partie de notre définition ne peut qu'être universellement approuvée.

En principe donc, tout le monde sera d'accord sur ce que l'on est en droit d'attendre de l'Agriculture. Nous ne la ménageons pas en lui imposant de telles conditions ; mais nous sommes assez familier avec elle pour savoir pertinemment qu'elle peut les remplir toutes.

Ainsi, nous sommes profondément convaincu que l'Agriculture du Poitou peut augmenter considérablement ses produits. Nous ne voulons pas, en ce moment, en déterminer la proportion, plus tard, nous dirons peut-être quadrupler ; mais, pour ne pas paraître trop exigeant, disons tout simplement doubler, et cela en n'augmentant pas ses frais d'un tiers, et en améliorant le sol.

S'il n'en est pas ainsi, ce n'est pas au mauvais vouloir des cultivateurs qu'il faut s'en prendre. En général, il est vrai, ils sont tenaces à leurs anciennes habitudes ; mais pourtant ils ne résistent jamais à l'appât de leur intérêt quand ils le voient bien clairement. On doit l'attribuer, en partie, à diverses circonstances que nous déduirons plus loin et qui constituent tout à la fois une impuissance morale et des empêchemens physiques très sérieux, et principalement, et quoiqu'on en puisse dire, au défaut de savoir.

Il faut donc, pour qu'on le sache bien, signaler les moyens d'atteindre le but que nous avons posé. Ces moyens principaux peuvent se réduire à la connaissance qui est indispensable pour se livrer avec fruit à l'Agriculture : 1° des plantes et des végétaux que l'on veut cultiver, des principes qui les constituent, et de la manière dont ils se développent ; 2° de la nature du sol ou du terrain à exploiter et des amendemens qui lui conviennent ; 3° des engrais de différentes natures ; et 4° des assolemens que l'on doit suivre.

Nous allons jeter un coup d'œil rapide au point de vue de la science (1), sur ces quatre points principaux qui forment la base de l'art agricole et qui s'enchaînent tellement entr'eux, qu'ils sont toujours une déduction les uns des autres.

(1) Nous n'avions, dans le principe, dressé quelques notes à cet égard que pour notre instruction personnelle, en consultant divers ouvrages ; mais quelques-uns de nos amis, ayant pensé qu'elles pourraient être de quelque utilité à la plupart des cultivateurs, nous avons cru devoir les publier, en les encadrant dans notre *Revue Agricole du Poitou*.

§ Ier.

Des Plantes.

Ce sont les plantes qui forment la base de l'existence ou plutôt de la nourriture de tous les êtres qui peuplent la terre ; aussi sont-elles le pivot sur lequel roule toute l'Agriculture et la matière première de tous les divers produits fournis par la grande fabrique agricole : grains, viandes, laines, cuirs, vins, huiles, etc. ; tout n'est que plantes fabriquées.

Elles préexistent sur la terre ; elles doivent donc être le premier objet à fixer notre attention.

L'on comprend de quelle importance et de quel avantage doit être, pour un fabricant, de connaître, d'une manière exacte, les élémens qui composent la matière qu'il fabrique, et, par conséquent, pour un agriculteur ou fabricant de plantes, de connaître la nature et les élémens constitutifs de celles qu'il veut cultiver.

Ce n'est pourtant que dans ces dernières années que la science s'en est occupée sous ce point de vue, et que les analyses de la chimie sont venu dissiper les ténèbres et apporter du positif, où il n'y avait que doutes et incertitudes.

Grâce au dévouement de nos plus savans chimistes et à leurs intéressans travaux, les agriculteurs, en s'initiant pour ainsi dire aux mystères de la création, peuvent voir clair, où ils ne marchaient qu'au hasard et de tâtonnemens en tâtonnemens.

Nous pensons qu'il ne sera pas inutile de donner ici un résumé succinct des résultats constatés par la science, et qui se trouvent expliqués dans des ouvrages trop volumineux et peut-être trop scientifiques pour pouvoir être consultés avec fruit par la plupart des cultivateurs. Et, à ce propos, nous ferons remarquer combien il serait important qu'un traité élémentaire et pourtant suffisamment clair fut publié pour être mis à la portée de tout le monde.

Toutes les plantes et tous les végétaux sont composés de principes organiques, c'est-à-dire qui ne sont formés que dans les organes des corps vivans et de principes inorganiques, c'est-à-dire que l'on rencontre également dans les minéraux.

Les principes organiques sont le carbone, l'oxigène, l'hydrogène et l'azote.

Le Carbone, vulgairement connu sous le nom de charbon, braise ou végétaux pourris, constitue un élément essentiel de toutes les matières organiques. Toutes les plantes et tous leurs organes en contiennent.

Le carbone est fourni aux plantes par l'atmosphère, où il existe à l'état d'acide carbonique, c'est-à-dire combiné avec l'oxigène.

Les feuilles et les racines des plantes absorbent l'acide carbonique de l'air, et les feuilles, après l'avoir décomposé à l'aide de la lumière, rendent l'oxigène à l'air et s'assimilent le carbone qui fait augmenter leur poids.

Pour, ensuite, que l'équilibre soit maintenu et que l'air puisse conserver la provision de carbone qu'il doit fournir aux plantes, la décomposition finale des animaux et des plantes lui restituent de l'acide carbonique, ainsi que tous les animaux en respirant l'oxigène des plantes et rendant de l'acide carbonique par l'expiration.

Nous disons que le carbone est fourni aux plantes par l'atmosphère, et non pas par l'humus, comme on le pensait précédemment, et en voici les motifs : d'abord, l'humus étant le résultat final de la décomposition des plantes, il faut donc que les plantes aient existé avant l'humus, et qu'elles aient puisé leur nourriture ailleurs. Puis la chimie a reconnu et démontré qu'il faut une grande quantité d'eau pour dissoudre l'humus, qui perd sa solubilité sous l'influence de la sécheresse et de la gelée, de sorte qu'il ne sert en rien à la nourriture des plantes pendant l'été et pendant l'hiver. Et, enfin, pour preuve matérielle à l'appui, c'est qu'il existe beaucoup de terrains qui ne contiennent pas d'humus, et où cependant les plantes vivent et se développent. Ces plantes attirent et augmentent le dépôt de carbone dans le terrain qui est amélioré successivement d'année en année. On a calculé qu'un mètre carré de terre produit, chaque année, cinq kilogrammes de carbone par l'effet des végétaux qui le couvrent, de quelque nature qu'ils soient, arbres, céréales, prairies ou plantes sarclées.

Ce n'est pas à dire pourtant que l'humus ne serve point au développement des plantes auxquelles il est, au contraire, très utile. L'humus contient une très grande quantité de carbone. Le carbone n'est point absorbé par les plantes à l'état pur ; mais en se combinant avec l'oxigène, il forme l'acide carbonique qu'elles s'assimilent dans cet état. L'humus est donc nécessaire aux plantes, tant qu'elles ne sont pas à même, par leurs feuilles, de prendre à l'atmosphère l'acide carbonique qui leur est indispensable. Cela nous explique la cause de la nécessité d'ameublir parfaitement le terrain auquel on confie, ou des graines, ou des jeunes plantes. Il faut indispensablement rendre le terrain et perméable à l'air pour que l'oxigène qu'il contient, mis en contact avec le carbone de l'humus, forme de l'acide carbonique, et perméable à l'eau de pluie qui contient elle-même de l'acide carbonique.

L'Oxigène est une des parties constituantes de l'eau et de l'air ; il forme une partie intégrante des molécules des plantes où on le trouve en plus ou moins grande quantité dans leurs diverses parties ; en très grande quantité dans les parties acides, en moins grande dans la gomme, le sucre et le ligneux, et en très faible quantité dans les huiles essentielles, la cire, etc.

L'oxigène est fourni aux plantes, pour la presque totalité, par la décomposition de l'eau.

L'Hydrogène est aussi une des parties constituantes de l'eau ; il forme également une partie intégrante des molécules des plantes où, à la différence de l'oxigène, on le trouve, en très grande quantité, dans la gomme, le sucre et le ligneux, ainsi que dans les huiles essentielles, la cire, etc.

L'hydrogène est fourni aux plantes principalement par la décomposition de l'eau.

La présence de l'oxigène et de l'hydrogène dans la composition des plantes nous explique la nécessité de l'eau pour leur existence et leur accroissement.

L'Azote est une des parties constituantes de l'air, où il existe dans la proportion d'un peu plus de 75 pour 100 en poids, et de 79 pour 100 en volume. C'est dans les racines, les feuilles, les fleurs et les fruits des plantes et de tous les végétaux qu'on le rencontre particulièrement.

L'azote est, sans contredit, le principe le plus utile au développement des plantes, il leur est fourni par l'air et par les engrais à l'état d'ammoniaque, c'est-à-dire combiné avec l'hydrogène ; seul il ne sert en rien à la nourriture des plantes qui ne peuvent, dans ce cas, se l'assimiler ; mais quand il leur est parvenu à l'état d'ammoniaque, après l'avoir décomposé, elles rendent l'hydrogène à l'air et s'assimilent l'azote que la décomposition des animaux et des plantes restituent ensuite à l'atmosphère.

Les principes inorganiques qui entrent dans la composition des plantes sont principalement la potasse, la soude, la chaux et la magnésie.

Toutes les plantes contiennent plus ou moins de ces matières qu'elles puisent dans la nature minérale, et qui leur sont nécessaires pour leur existence et pour développer certains organes destinés à des fonctions particulières, spéciales à chaque espèce.

Les principes inorganiques que contiennent les plantes leur sont fournis par le sol dans lequel on les cultive, pourvu, comme on le pense bien, qu'il les contienne lui-même, ou, à son défaut, par les engrais et les amendemens.

C'est par l'incinération que l'on trouve les matières minérales dans les plantes, et que l'on constate la proportion pour laquelle elles entrent dans leur composition. On les dessèche d'abord en les privant de leur eau de végétation, on les pèse ensuite, et le résidu que l'on obtient après les avoir brûlées, c'est-à-dire les cendres, sont exactement la quantité de principes inorganiques enlevés au sol.

110 parties sèches de tiges de froment en donnent 15 de cendres.

    id................ d'orge......... 8
    id................ d'avoine........ 4
    id................ de pois......... 2
    id................ de luzerne....... 1 à peine.
    id................ de sarrazin....... 1 à peine.

Etc., etc.

Nous aurons plus tard à tirer plusieurs conséquences de ce que nous venons d'exposer au sujet de la composition des plantes ; nous nous bornerons à constater, quant à présent que, puisque c'est à l'atmosphère que les plantes empruntent leurs principes organiques, et, à la terre, ceux inorganiques, c'est de l'atmosphère qu'elles tirent leur principale nourriture, et que c'est l'atmosphère qui leur fournit les 19 20e, et même davantage du poids des substances que l'on y trouve après les avoir desséchées.

Constatons, en outre, quant aux principes inorganiques, qu'il est bien évident que les plantes ne peuvent les prendre à la terre qu'autant qu'elle les contient, soit par elle-même, soit parce que nous les lui aurions fournis ; qu'ainsi les plantes ne végéteront et

ne se développeront que dans un sol qui contient les
principes inorganiques essentiels à leur constitution,
et qu'il est palpable que les plantes qui contiennent le
plus de principes inorganiques sont celles qui épuisent
davantage le sol.

Il est un autre phénomène, au sujet des plantes,
qui a été observé et signalé par des chimistes, dont
les analyses viendraient sanctionner l'expérience de
tous les cultivateurs.

Tout le monde sait, en effet, que si l'on cultive
continuellement les mêmes plantes dans le même terrain, elles viennent très mal et souvent pas du tout.
Elles produisent beaucoup moins de tiges et de grains
que lorsqu'elles succèdent à d'autres plantes d'une
autre espèce.

Ce fait notoire devait nécessairement attirer l'attention des chimistes et faire l'objet de leurs recherches.
Quelques-uns reconnurent d'abord des déjections à
l'extrêmité des racines de plusieurs plantes diverses, et
les considérèrent comme les excrétions et la matière
fécale de ces plantes. En réfléchissant à la marche
descendante de la matière nutritive, ils conçurent
que la nutrition peut se terminer par l'excrétion des
matières inutiles ou nuisibles à la plante.

Sur cette donnée, il s'agissait de faire des recherches directes ; mais de graves difficultés se présen-
taient. Pourtant, après bien des tentatives infructueu-
ses, on est parvenu à reconnaître que les plantes
laissent un résidu qui varie d'une plante à l'autre,
suivant la différence des familles, que les excrétions
ont lieu sous l'influence de l'obscurité, plus que sous
celle de la lumière, qu'elles n'ont lieu que pendant
l'existence des plantes et qu'elles nuisent aux plantes

qui les ont produites, et, en général, à celles de la même famille, quand on les leur fait absorber, tandis qu'elles peuvent concourir à la nutrition et au développement de plantes d'une autre famille.

Nous aurons encore plus tard à déduire de ces observations de la chimie, des conséquences de la plus haute importance pour l'Agriculture ; nous en parlerons au fur et à mesure que le besoin de leur application se fera sentir.

§ II.

Du Sol et des Amendemens.

Le sol arable, ou le terrain propre à la culture, variant à chaque pas, il n'est personne qui ne sente l'importance de connaître la nature et la composition de celui que l'on veut cultiver.

Le sol serait partout propre à toute espèce de cultures et devrait partout être cultivé de la même manière, s'il était partout uniforme dans sa constitution, dans son épaisseur, dans le sous-sol sur lequel il repose, et dans sa position, par rapport à la chaleur et à la lumière. Mais comme rien, au contraire, n'est plus variable que le sol sous tous ces rapports, et que les différences les plus tranchées se manifestent dans de très courtes distances, ces différences doivent nécessairement apporter de grandes modifications dans le mode de culture et d'exploitation.

Ces différences dans la nature du sol entre les champs les plus voisins et même souvent entre les diverses parties du même champ, il faut de toute nécessité que le cultivateur les connaisse, et surtout qu'il en apprenne les

causes , en analysant ses terres les unes après les autres,
à l'aide des préceptes de la chimie.

Les difficultés d'un pareil travail se trouveraient
levées , si , dans tous les départemens de la France, on
suivait l'exemple donné par M. de Caumont dans le
Calvados qui , à son instigation, a déjà eu des imi-
tateurs dans divers autres départemens. Nous enga-
geons instamment tous les géologues cultivateurs, à
étudier les cartes agronomiques de M. de Caumont et
son système de notation figurative ; à entreprendre la
confection de cartes pareilles, par département ou par
arrondissement , pour faciliter et simplifier, dans l'intérêt de l'Agriculture , l'étude du sol arable et la distribution rationnelle des amendemens.

En attendant que nos géologues aient accédé à la
prière que nous leur adressons à cet égard, et que leur
travail vienne fournir à chaque cultivateur, la connaissance spéciale de ses diverses pièces de terre , nous ne
pouvons , pour leur venir en aide , que leur présenter
un résumé succinct des généralités qui ont été dévoilées
par la chimie et la géologie.

Nous l'avons dit ailleurs, la science a pris pour base
de ses recherches, et, par suite de ses enseignemens, la
terre la plus franche et la plus fertile connue , celle qui
est également perméable à la chaleur , à l'air et à l'humidité , et dont l'aspect est noirâtre à l'état humide.
Soumise à l'analyse chimique , on a reconnu que cette
terre est un composé, dont l'humus forme la 14ᵉ partie;
le grès ou sable siliceux , l'argile et le carbonate de
chaux ou calcaire les 13 autres parties ; chacun de ces
trois derniers élémens figurant pour un tiers.

Isolé des autres , chacun de ces élémens constitutifs
de la fertilité du sol , est lui-même infertile. Le sable

siliceux ne contient aucun des principes nécessaires au développement des plantes, et entrant dans leur composition, le calcaire leur fournit la chaux qu'elles contiennent, et l'argile leur fournit la soude, la potasse et la magnésie, c'est-à-dire les principes inorganiques dont nous avons parlé au chapitre de la composition des plantes. Si le sable siliceux est infertile par lui-même, en revanche il contribue puissamment à la fertilité du sol, en tenant les molécules de l'argile divisées et la rendant ainsi perméable à la chaleur, à l'air et à l'humidité.

Pour connaître la composition exacte d'une terre quelconque et la proportion dans laquelle y existent les principes constitutifs de la fertilité, voici les procédés, que la science prétend être assez simples et assez faciles à employer, et que nous indique la chimie.

On prend une certaine quantité de la terre que l'on veut expérimenter, on la fait sécher et on la pèse, on la met ensuite dans un vase en fer que l'on chauffe jusqu'à ce qu'il soit rouge, en remuant la terre jusqu'à ce que l'on ait fait brûler tout ce qui se noircit et se charbonne, c'est-à-dire tout l'humus, puis on expose la terre à l'air, pour qu'elle reprenne l'acide carbonique; l'on pèse, et la différence de poids indique la quantité d'humus.

On place ensuite la terre, privée de son humus, dans un vase en verre où l'on a mis de l'acide hydrochlorique étendu d'eau, et on l'y laisse jusqu'à ce qu'en y versant de l'acide, il ne s'opère plus de bouillonnement. On laisse déposer; on transvase le liquide qui est au dessus du dépôt; on lave ce dépôt jusqu'à ce que l'eau soit claire et on le fait sécher. L'on pèse, et la différence du poids indique la quantité de calcaires.

Enfin, il faut séparer le sable de l'argile : pour cela on les agite dans de l'eau pure et on laisse déposer ; le sable plus lourd tombe toujours le premier au fond du vase ; on transvase l'eau, on agite de nouveau le dépôt et l'on transvase l'eau jusqu'à ce qu'elle soit claire, c'est-à-dire qu'elle ne contienne plus d'argile : l'on fait sécher le sable, on le pèse et la différence de ce poids et du précédent indique la quantité d'argile.

Ces opérations sont minutieuses sans doute et offrent peut-être trop de difficultés pour la plupart des cultivateurs. Il faut pourtant s'y livrer pour avoir une connaissance exacte de la terre que l'on veut cultiver, et pour éviter bien des tâtonnemens, bien des peines et des dépenses souvent inutiles ; car il n'est personne qui ne sache que toutes les terres ne sont pas propres à produire les mêmes plantes, qu'elles ne se cultivent pas de la même manière, et qu'il leur faut des amendemens différens. L'on ne peut donc marcher avec certitude de succès, qu'avec la connaissance positive de leur composition.

Quand, au moyen de l'analyse, l'on connaît la composition de sa terre, en comparant les résultats que l'on a obtenus avec les proportions des élémens fertiles de la meilleure terre que nous avons indiqués, l'on connaît exactement quels sont les élémens de fertilité qui manquent à la terre que l'on a analysée.

Toutes les terres sont susceptibles d'être amenées à un bon état de fertilité. Il ne s'agit que de leur donner ce qui leur manque, aux unes du sable, aux autres de la chaux, et à d'autres de l'argile. On corrige les défauts de la terre au moyen des amendemens parmi lesquels la chaux et la marne jouent le plus grand rôle.

La chaux produit des effets prodigieux dans les terres

où elle est employée à propos. On en fait maintenant un très grand usage, dans certaines parties de la Gâtine, où l'on peut se la procurer à un prix assez modéré, mais, dans la Plaine, on ne s'en sert pas du tout, sans doute en raison de son excessive cherté. Il existe pourtant en Plaine beaucoup de contrées où ses effets ne seraient pas moindres que dans la Gâtine ; aussi est-il à désirer qu'il s'y construise des fours à chaux où l'on emploierait pour combustible le charbon de terre de Saint-Laurs ou de Faymoreau. Tout en rendant un important service à l'Agriculture, ces fours à chaux seraient, nous en sommes convaincu, une branche d'exploitation très lucrative.

Dans la plupart des circonstances, les principes qui manquent à la fertilité de la terre sont de deux natures, c'est-à-dire qu'il est bien rare que ce soit, par exemple, l'argile seule qui manque, ou le calcaire, ou le sable seul, c'est toujours ou beaucoup de calcaire avec un peu d'argile, ou beaucoup d'argile avec un peu, soit de sable, soit de calcaire. Ce sont donc des mélanges analogues qu'il faut trouver. Ces mélanges existent dans la nature et souvent dans le sous-sol même de la terre qui en a besoin. Ils sont connus sous le nom de marnes.

Il y a trois espèces principales et différentes de marnes: 1° la marne siliceuse : 2° la marne argileuse : et 3° la marne calcaire. Elles existent à peu près partout, quelquefois à de très courtes distances les unes des autres, et souvent dans le même banc ou la même couche de terre.

Le marnage des terres est une des opérations les plus importantes en Agriculture ; mais elle exige tant de précision, tant de connaissances et tant de discernement, ainsi que nous l'avons dit ailleurs, que même avec l'aide des enseignemens de la science, elle est à peu près impraticable pour tous les cultivateurs. Aussi nous dispenserons-nous d'entrer dans aucun détail sur les moyens indiqués, tant pour reconnaître les marnes que pour les analyser et les appliquer.

Tous ces moyens ne peuvent être employés avec chances de succès que par des hommes très instruits ; les erreurs sont trop faciles à commettre et seraient trop funestes pour que nous engagions les cultivateurs à tenter même des expériences en petit, sans être guidés par les lumières et les conseils d'hommes qui aient fait des études spéciales sur cet objet.

Ces hommes manquent dans la plupart des provinces et spécialement dans nos contrées. Nous avons demandé qu'on en appelât, nous avons justifié de leur importance et de leur utilité ; mais l'administration est, jusqu'à présent, demeurée sourde à nos demandes ; nous ne désespérons pourtant pas de la voir bientôt doter nos départemens d'ingénieurs géologues, qui auront pour mission de faire toutes les expériences qui ne sont pas à la portée des cultivateurs, et d'éclairer ces derniers, sur tous les points qui peuvent accroître la fertilité du sol et les progrès de l'Agriculture.

Nous croyons devoir ne pas insister davantage sur ce sujet, auquel la théorie ne manque pas et qui dès lors n'a besoin que de la pratique : mais nous ferons observer que les amendemens ne sont pas des engrais, et qu'ils ne peuvent pas les remplacer. Les amendemens ont uniquement pour but de corriger les défauts du sol et de lui donner les élémens qui lui manquent pour être susceptible de fertilité. Ils ne fournissent aux plantes tout au plus que quelques principes inorganiques ; on ne doit donc jamais se dispenser, lorsque l'on donne au sol des amendemens, de lui donner des engrais qui fournissent aux plantes tous les principes organiques qu'elles ne puisent pas dans l'atmosphère.

Enfin, la terre la plus fertile étant, par sa composition, perméable à l'air, à la chaleur et à l'humidité, il faut donc donner à celle que l'on exploite cette perméabilité, à l'aide soit des amendemens, soit des labours donnés à propos et suffisamment répétés, et dans tous les cas ne lui confier que des plantes appropriées à sa nature et à sa constitution.

§ III.

Des Engrais.

Les engrais sont la cheville ouvrière de l'Agriculture ; c'est de leur qualité et de leur quantité, ou plutôt de leur bonne composition et de leur mode d'emploi que dépend, pour la plus considérable partie, le sort des récoltes que l'on confie à la terre. Si donc tout est important de ce qui se rattache à l'Agriculture, la question des engrais est, à nos yeux, celle qui a la plus grande importance ; aussi ne négligerons-nous rien de ce qui peut tendre, non pas à l'éclairer, puisqu'elle est résolue en principe, mais à la porter à la connaissance de tous, et à l'amener à une application rationnelle.

C'est un fait d'observation et routinier, que les engrais ou fumiers, mélangés avec la terre à laquelle on confie des semences, sont indispensables à l'accroissement des plantes et au succès de la récolte. Il n'est pas un seul cultivateur, qui ne le sache parfaitement bien, tant par expérience que par tradition.

La question des fumiers serait bien simple en théorie

et en pratique. Si le fumier était un corps simple , une matière unique qui ne fut pas composée de nombreux et différens élémens , n'importerait nullement la manière de le recueillir , de le soigner et de l'employer , les effets seraient toujours identiques ou , du moins , ne seraient plus subordonnés qu'à la quantité qui serait employée , puisque la qualité serait toujours la même.

Mais l'expérience a appris à tous les cultivateurs , que certains fumiers ont plus d'action que certains autres , que ceux de tels animaux valent mieux que ceux de tels autres , et que même , il y a souvent de très grandes différences parmi ceux de même espèce et provenant des mêmes animaux , suivant la manière dont ils ont été recueillis et soignés.

Ces observations faites et répétées depuis le commencement des siècles , étaient une première donnée qui aurait dû appeler l'attention de la science et lui inspirer l'idée de rechercher pourquoi et comment le fumier agit , si , étant un corps composé , chacun des élémens qui le constituent , agit de la même manière , ou , si au contraire , quelques parties ne jouent pas un rôle plus important que les autres ; et , par suite , d'appeler tous les soins des cultivateurs sur les parties les plus précieuses du fumier.

Cependant , ce n'est que tout dernièrement que quelques-uns de nos savans chimistes ont porté sur ce point , ainsi que sur tous ceux qui peuvent intéresser l'Agriculture , leurs savantes investigations. Grâce à leur dévouement et à leurs utiles analyses , la population agricole , qui ne peut leur accorder trop de reconnaissance , partant désormais de principes certains, à une marche certaine tracée devant elle ; il ne lui reste donc plus qu'à la suivre.

Le fumier, soumis à l'analyse chimique, a donné pour résultats précisément les élémens qui entrent dans la composition des plantes, c'est-à-dire les principes organiques, carbone, oxigène, hydrogène et azote, et une petite quantité de principes inorganiques, sels de potasse, de soude, de chaux et de magnésie.

Ces élémens entrent dans la composition de tous les fumiers que nous appelerons fumiers de ferme, c'est-à-dire ceux qui sont à la portée de tous les cultivateurs et ceux qu'ils fabriquent eux-mêmes ; mais ils n'entrent pas en même proportion dans toutes les espèces de fumiers. Ces proportions varient, au contraire, suivant chaque espèce d'animaux qui les fournissent, et c'est cette différence dans les proportions des élémens qui composent les fumiers, qui fait la différence des bons et des mauvais.

Les observations de tous les cultivateurs, et l'expérience de tous les temps indiquaient quels animaux fournissaient les meilleurs fumiers ; il s'agissait alors de rechercher quel était le principe qu'ils contenaient en proportions plus grandes que les plus médiocres, et alors on avait la clé de la théorie des engrais. C'est donc ce qu'a fait la chimie, en analysant toutes les déjections des animaux, solides et liquides que l'on emploie à la fabrication des fumiers ; et elle a constaté que la différence provient de la plus ou moins grande quantité d'azote contenue dans les diverses déjections.

Il en devait être nécessairement ainsi, comme déduction logique de la composition des plantes auxquelles le fumier sert d'aliment, puisqu'il était constaté que l'azote est la base principale des racines, de la sève, des feuilles, des fleurs et des fruits ; par conséquent, tout vient concourir à démontrer, de manière à ne laisser aucun doute, aucune incertitude, que c'est l'azote qui joue le principal rôle dans les engrais.

Puisqu'il est reconnu aujourd'hui que les engrais sont d'autant plus riches et ont d'autant plus d'action, qu'ils contiennent plus d'azote combiné avec l'hydrogène, c'est-à-dire d'ammoniaque, il est évident que c'est sur l'ammoniaque que doivent porter tous les soins et toute l'attention du cultivateur. C'est à l'ammoniaque de ses fumiers qu'est attaché le sort de ses récoltes.

Car, qu'on le sache bien, ce sont les engrais qui sont le principe de toute production, ce sont eux seuls qui produisent. Les bons labours, une bonne culture ne font que venir en aide à la fertilité du sol, mais ils ne la produisent pas. Que l'on donne une fumure complète avec une culture qui sera incomplète, l'on peut compter sur des produits dans presque toutes les terres : qu'au contraire, l'on ne fume pas dans la majeure partie des terrains, l'on en sera pour ses frais, même avec des labours et une culture qui ne laissent rien à désirer sous le rapport du travail.

Il est inutile d'entrer dans les détails des analyses de chaque espèce de déjections que les différens animaux fournissent aux cultivateurs pour la confection des fumiers. Il suffira de les classer par ordre des proportions d'ammoniaque qu'elles contiennent comparativement aux autres. Nous ferons observer d'abord que les déjections liquides contiennent, en général, beaucoup plus d'ammoniaque que les déjections solides, nous mettrons donc les urines au premier rang, en commençant par celles qui s'en trouvent le plus chargées et les classant par ordre de décroissance.

<table>
<tr><td rowspan="5">URINES</td><td>De l'homme.</td><td rowspan="5">EXCRÉMENS</td><td>de l'homme.</td></tr>
<tr><td>du cochon.</td><td>des pigeons, poules, dindons.</td></tr>
<tr><td>du cheval.</td><td>des moutons.</td></tr>
<tr><td>du bœuf.</td><td>du cheval.</td></tr>
<tr><td>de la vache laitière.</td><td>du bœuf et de la vache.</td></tr>
<tr><td></td><td></td><td></td><td>du cochon.</td></tr>
</table>

A ces résultats des analyses de la chimie par rapport aux fumiers de ferme, nous ajouterons qu'elles ont encore constaté que les os, les crins, la bourre, la corne, tout cela frais, contient une très grande quantité d'ammoniaque, et que le fumier des bêtes à l'engrais et bien nourries en contient beaucoup plus que celui des bêtes maigres et mal nourries.

Nous y voyons enfin clair maintenant dans la question si controversée des engrais. Nous avons donc un guide sûr pour nous diriger dans nos opérations pratiques à ce sujet. Ainsi, pour ne citer qu'un exemple des incertitudes où étaient plongés jadis les cultivateurs, nous prendrons le fumier de cochons : suivant les uns, c'était un excellent fumier, c'était même le meilleur ; suivant les autres, c'était un très mauvais fumier, c'était le plus mauvais. Tous pouvaient avoir raison, les premiers avaient, sans doute, recueilli avec soin les urines du cochon qui faisaient la partie principale de leur fumier ; tandis que les derniers n'avaient, sans doute, recueilli que les excrémens, en laissant écouler les urines, et perdant ainsi la base d'un bon engrais.

Les conséquences de ces enseignemens de la science sont désormais faciles à tirer et d'une application à la portée de tous. Toutes les opérations relatives aux fumiers peuvent se résumer dans ces trois points : les recueillir, les soigner et les employer. Portons donc nos investigations sur chacune de ces opérations, et signalons les procédés que la science ou la raison et notre propre expérience nous indiquent.

1º RECUEILLIR LES FUMIERS.

Il est bien évident que les urines étant plus chargées d'ammoniaque que les excrémens, on ne saurait apporter trop d'attention à n'en perdre aucune parcelle, ou, du moins, à n'en perdre que le moins possible ; et cela n'offre pas de très grandes difficultés, même dans les circonstances les plus défavorables, et, par conséquent, sans rien changer à la construction des étables que l'on possède, et sans faire aucune espèce de dépense nouvelle.

Le procédé est bien simple : il suffira presque toujours de donner aux bestiaux une bonne litière de matières sèches, à laquelle on adjoindra soit de mauvaises balles, soit des balayures de granges et de fenils, soit des poussières quelconques, soit du sable, de la terre ou de la marne, pourvu que tout cela soit très sec, de manière enfin à absorber tout le liquide des déjections des bestiaux. L'on prend ensuite la précaution de fermer tous les égouts, pour que le liquide surabondant ne s'en aille pas fumer les cours de la ferme ou les rues du village, et l'on vide à temps les étables qui contiennent ainsi tous les élémens d'un bon fumier.

Si l'on ne possède pas assez de litière, on peut la former avec de la terre sèche, en majeure partie et même en totalité ; les bestiaux n'auront aucunement à en souffrir.

2° SOIGNER LES FUMIERS.

Pour les soins à donner au fumier, il faut savoir que la plupart des principes qui le constituent, principalement l'ammoniaque, sont très volatils et s'échappent très facilement dans l'atmosphère, soit par la fermentation, soit par le desséchement, ou sont entraînés par un trop grand lavage. Par conséquent, il faut s'arranger de manière à soustraire son fumier à l'un et à l'autre de ces inconvéniens, et le procédé n'est encore ni difficile ni coûteux.

Il faut choisir un emplacement assez vaste et situé de manière à ce que, dans aucun temps, le fond n'en soit baigné par les eaux pluviales qui ne doivent jamais y arriver. Il faut qu'il soit abrité du soleil par un mur ou des arbres, ou, mieux encore, par une toiture qui le garantirait en même temps contre l'eau de pluie, dont une trop grande quantité est nécessairement nuisible aux fumiers.

On commence un tas sur une largeur et une longueur proportionnées à la quantité de bestiaux que l'on possède. Ce tas de fumier devra avoir environ deux mètres de hauteur quand il sera fini, et il faut mettre le moins de temps possible à l'achever, quinze jours au plus. On forme une couche régulière et bien tassée de tout ce que l'on retire des étables chaque fois qu'on les vide, et l'on couvre immédiatement cette couche de fumier d'une couche d'une terre quelconque d'environ huit ou dix centimètres d'épaisseur. Cette couche de terre a pour but d'empêcher une fermentation trop prompte, et de garantir contre l'évaporation. Avant ou après la couche de terre, il faut saupoudrer de plâtre pulvérisé qui a la propriété de fixer l'ammoniaque ; on met enfin une couche de terre plus épaisse sur tout le tas, quand il est parvenu à la hauteur convenable, et on en recommence un nouveau qu'on adosse au premier.

En prenant ces précautions, il arrive rarement que les tas de fumier viennent à se dessécher et ne se conservent pas dans un état suffisant d'humidité ; l'on ne doit pourtant pas négliger de les visiter de temps à autre, et de les arroser pour peu que l'on le juge nécessaire.

Tous autres procédés sont bons, pourvu qu'ils aient pour effet de recueillir toutes les urines et de soustraire les fumiers à une fermentation et une évaporation trop promptes, ainsi qu'aux trop grands lavages des eaux pluviales. Nous indiquons ceux-ci, parce que ce sont ceux que nous employons depuis plusieurs années, et qu'ils nous mettent à même de faire des quantités considérables d'excellent fumier.

3° EMPLOYER LES FUMIERS.

Il n'est plus contestable aujourd'hui, d'après les expériences de la chimie, d'accord en cela avec les expériences de la pratique, que les fumiers employés frais à la sortie des étables aient une action beaucoup plus considérable que les fumiers fermentés ; que cette action soit, en outre, bien plus longue et plus durable sur la végétation, et que la fermentation entraîne une très grande diminution dans la quantité des fumiers et exige une manipulation et une main-d'œuvre plus ou moins coûteuse , et, par conséquent , beaucoup de frais et de perte de temps.

On peut calculer que la différence , entre les deux modes d'emploi du fumier frais ou fermenté , est du quadruple ; c'est-à-dire, que le cultivateur, qui emploie ses fumiers frais, en retire un avantage de cent pour cent, tandis que celui qui les emploie fermentés n'en retire que vingt-cinq pour cent. Ce calcul n'a rien d'exagéré, les résultats en sont vrais et doivent être tenus pour certains par tous les cultivateurs, qui peuvent, au reste, en faire , eux-mêmes, la vérification , que nous ne pouvons faire ici , parce qu'elle nous entraînerait trop loin.

En principe donc, c'est à l'état frais que l'on doit donner les fumiers à la terre. Ce principe ne doit fléchir que devant les impossibilités et les circonstances défavorables. Il est bien entendu , par conséquent, que les instructions que nous avons données, pour l'entretien et les soins des fumiers, ne doivent s'appliquer que dans les cas où il n'est pas possible ou facile d'employer le fumier immédiatement ; mais ces cas sont beaucoup plus rares qu'on ne le peut penser généralement. Il n'est pas une époque de l'année , où l'on ne puisse bien conduire des fumiers sur les terres, et où leur emploi ne soit avantageux. Il n'y a que le mauvais état des chemins qui soit susceptible d'apporter des empêchemens.

Ainsi, au printemps, dans les mois de mars et d'avril, on conduit le fumier dans les terrains que l'on veut ensemencer en plantes oléagineuses, pavots, moutardes, cameline et autres, en pommes de terre , betteraves sur place , carottes, chanvre, fèves, etc.

Dans le mois de mai, pour fumer le maïs à graine , les pois, les haricots, les choux, etc.

Dans les mois de juin et de juillet, pour fumer les betteraves repiquées, le maïs fourrage, le sarrasin, les navets, les choux, le colza, etc., que l'on place après les vesces ou le trèfle incarnat.

Dans les mois d'août, de septembre et d'octobre, pour fumer les orge, froment ou seigle, et les vesces d'hiver, dans les terres où l'on n'aurait pas mis, dans le cours de l'année, d'autres récoltes fumées.

Et dans les autres mois, novembre, décembre, janvier et février, pour fumer les prés naturels ou artificiels, les vignes et les jardinages.

Toutes les terres s'accommodent du fumier frais, que l'on répand dès le jour de son transport, et que l'on enterre sans retard. Il n'y a que dans les terrains sablonneux, où l'on a remarqué que les seigles et les blés exigent du fumier consommé et bien mélangé avec le guéret. Dans ce cas, que l'on mette, ou non, d'autres récoltes dans le courant de l'été, rien n'empêche de se servir de fumier frais, que l'on a soin de bien mélanger avec la terre par plusieurs labours, et qui se trouve ainsi dans les conditions voulues à l'époque de la semaille. En un mot, avec du discernement, on peut toujours et partout trouver le moyen de faire opérer la fermentation du fumier dans le terrain cultivé, qui bénéficie de tous ses bons effets, plutôt que partout ailleurs où elle s'opère en pure perte.

La quantité que l'on doit employer ne peut pas être établie, d'une manière fixe et invariable, pour toutes les terres et toutes les circonstances; mais elle ne doit jamais varier que de trente à cinquante mille kilog. par hectare. Au dessous ce n'est jamais assez, au dessus on court risque de faire verser les récoltes. L'on peut compter qu'un mètre cube pèse mille kilogrammes, et l'on ne doit pas espérer que l'effet du fumier se produira sur plus de quatre récoltes consécutives et variées, à moins que l'on ne laisse ensuite le terrain en paturages, qui pourront encore se ressentir des bons effets du fumier pendant plusieurs années.

Après nous être occupé du fumier d'étable, nous dirons quelques mots des autres engrais, que l'on ne doit pas négliger, et dont l'emploi, fait à propos, ne peut qu'être d'un immense avantage pour ceux qui sont à même de s'en procurer.

En première ligne se présente le plâtre qui, à vrai dire, est plutôt un amendement qu'un engrais, puisqu'il ne produit d'effet que de fixer l'amnoniaque. Tous les cultivateurs connaissent la végétation prodigieuse qu'il occasionne dans les prairies artificielles, quand il y est répandu à propos, pendant ou après une pluie légère et quand la végétation est déjà commencée.

Le guano, cet engrais composé de déjections d'oiseaux, imprégnées de sel, que l'on pourrait considérer comme un engrais minéral, produit, dit-on, des effets fort satisfaisans, surtout sur les prairies ; mais il est fort cher et à la discrétion seulement des Anglais, auxquels un traité confère, encore pour deux ans, le droit exclusif de l'exploiter et de l'exporter des côtes de la Mer Pacifique, en Europe. On ne pourra donc y songer, qu'après l'expiration du traité.

Les cendres, la suie, le sel marin, l'acide sulfurique, les nitrates de soude et de potasse, le noir animal, les sels ammoniacaux, les huiles, les eaux de savon, le suint de la laine, le charbon et une foule d'autres substances, ont une action plus ou moins puissante sur la végétation des plantes, auxquelles elles fournissent plus ou moins de principes organiques ou inorganiques.

Leur emploi exige bien plus de soins et d'attention que l'emploi du fumier d'étable. Des connaissances chimiques sont même indispensables dans la plupart des circonstances, pour leur application aux diverses natures de terrains et aux diverses plantes que l'on veut cultiver ; nous n'entrerons donc dans aucun des nombreux détails qu'entraînerait le sujet. Nous nous bornerons à recommander d'apporter beaucoup de discernement dans l'emploi de ces substances comme engrais.

Viennent ensuite les terres des jardins et celles des champs, les immondices des rues, les boues des routes, les vases des étangs, des marres et des marais, et les curures des fossés, qui forment de très bons engrais, employés en quantité suffisante, mais dont l'action n'est pas d'aussi longue durée que celle des fumiers d'étables.

Tous les débris des végétaux, mauvaises herbes récoltées avant la maturité de leurs graines, feuilles sèches, pailles, etc., forment des engrais ; on ne doit jamais négliger d'en amasser partout et toujours.

Tout ce qu'il y a de plus puissant en fait d'engrais, ce sont les débris des animaux. On doit donc chercher à les utiliser par tous les moyens, qui ne portent pas atteinte aux lois de police, dont l'effet est de priver les cultivateurs d'une ressource aussi féconde. Encore une loi à faire, qui conciliera la santé des populations avec les intérêts de l'Agriculture.

Enfin viennent les engrais verts, qui conviennent à toutes les natures de terrains, et surtout aux sols légers et brûlans, parce que leur action est moins énergique, mais plus durable que celle des engrais d'étable. C'est un genre d'engrais qui n'est pas assez généralement employé, en raison des bons effets qu'il produit. Il consiste à enfouir dans la terre, par des labours, toutes espèces de plantes, avant ou pendant leur floraison, trèfle, seigle, sarrazin, spergule, lupin, madia sativa, colza, etc., en observant que pour condition de réussite complète, il faut que la récolte qu'on enfouit, soit d'une belle venue.

Nous ne saurions trop recommander l'usage de cet engrais aux cultivateurs qui ne sont pas à même de se procurer tout le fumier dont ils ont besoin, et pour les terrains où la conduite du fumier serait trop difficile et trop dispendieuse.

En résumé, si les besoins de fumier sont grands, l'on voit que les ressources sont grandes aussi et sont susceptibles de balancer les besoins. Il ne s'agit que de les utiliser.

Mais il est un point sur lequel nous croyons devoir appeler l'attention et les investigations de la science. Puisque l'ammoniaque est la partie la plus essentielle des engrais, n'y aurait-il pas moyen de trouver ou de fabriquer de l'ammoniaque à bon marché, et de l'employer mélangé avec de l'eau ou de la terre, ou tout autre substance facile à se procurer, en indiquant les quantités à employer pour opérer le mélange, la quantité de mélange nécessaire pour chaque hectare de terre et le mode d'emploi. Un pareil engrais mis à la portée de tout le monde et d'un aussi facile transport, serait, sans doute, de la plus haute importance pour l'Agriculture.

§ IV.

Des Assolemens.

L'assolement est l'ordre dans lequel on divise le sol
en diverses parties, auxquelles on confie successivement
les différentes récoltes qui font l'objet de la culture.

Nous avons dit plus haut que tous les principes qui
doivent diriger en Agriculture, s'enchaînaient entr'eux,
et qu'ils n'étaient qu'une déduction les uns des autres :
nous allons en trouver la preuve la moins équivoque,
en passant en revue les principes qui doivent servir de
base à un bon assolement.

Ainsi l'on se rappelle que, parmi les plantes cultivées, les unes épuisent le sol plus que les autres. Quelques-unes, au contraire, l'améliorent pour d'autres que
leurs congénères, mais que toutes nuisent à celles de
même espèce, qui leur succèdent immédiatement.

L'on sait que, pour que la terre soit fertile, il faut
la rendre perméable à l'air, à la chaleur et à l'humidité,
et ne pas lui laisser dépenser sa fertilité à la production
de plantes dont le cultivateur n'a aucun parti avantageux
à tirer.

Et nous venons de voir que ce sont les engrais qui sont le principe de toute production, et que c'est de leur quantité, de leur qualité et de leur bonne application, que dépend, en définitive, le sort des produits et des récoltes.

Avec ces données, il ne faut pas de grands efforts d'imagination, pour poser les principes qui doivent servir de règle à un bon assolement. Ils découlent d'eux mêmes. Il est bien évident que, quelque soit celui que l'on adopte, il faut indispensablement qu'il satisfasse aux conditions suivantes :

Il faut commencer par une récolte qui exige beaucoup de fumier dès le printemps, et qui permette d'ameublir parfaitement le sol pendant l'été, de lui donner, par conséquent, toute la perméabilité qui lui est nécesasire ou dont il est susceptible, de bien mélanger le fumier avec la terre, et de détruire les mauvaises herbes dont elle est infestée ou qu'aurait pu lui fournir le fumier. Et il faut revenir à cette culture, toutes les fois que le besoin s'en fera sentir.

Il faut ensuite ne jamais faire se succéder deux récoltes de plantes de la même espèce, ni de la même famille, mais faire succéder les plantes améliorantes aux épuisantes, et celles qui détruisent les mauvaises herbes en les étouffant, à celles qui laissent salir le sol.

Il faut surtout produire la plus grande quantité possible de fourrages de toute nature, de manière à nourrir un très grand nombre de bestiaux, et à en retirer, en sus des profits qu'ils fournissent, tous les engrais qui sont nécessaires à l'exploitation.

On doit enfin faire attention à produire, chaque année, à peu près les mêmes quantités de chaque espèce de récoltes, et à établir ses cultures de manière à ce

que les travaux qu'elles exigent, entraînent une distribution régulière du temps et des bras que l'on a à sa disposition.

Nous disons que l'on doit chercher à nourrir un grand nombre de bestiaux. Il n'est pas, en effet, un seul cultivateur qui ne sache très bien que les bestiaux sont l'âme d'une exploitation. Ils doivent donc être le but principal qu'un agriculteur ait à se proposer dans toutes les circonstances. Eux seuls donnent des bénéfices réels et considérables, tout en augmentant, par les engrais qu'ils fournissent, les produits en céréales, bien que la culture en soit restreinte à une moins grande étendue de terrain. Cela est tellement vrai, que l'on ne voit, nulle part, s'enrichir un cultivateur qui se livre exclusivement à la production des céréales, tandis qu'au contraire, ceux qui ont des bestiaux, se tirent toujours plus ou moins d'affaires.

Là, comme partout ailleurs, il y a des excès à éviter et de justes proportions à établir. En tenant une trop petite quantité de bestiaux, pas de profits d'abord, et ensuite pas d'engrais; par conséquent, pas de récoltes. Avec une trop grande quantité, on est exposé à tous les inconvéniens du manque de nourriture et à une ruine inévitable, car il n'y a que les bestiaux bien nourris qui rapportent du profit; ceux mal nourris, constituent leur maître en perte.

Il n'est guère possible d'établir une règle générale pour tous les cas et pour toutes les positions; mais nous pouvons, pour toutes nos contrées, nous baser sur une moyenne de deux hectares pour chaque tête de gros bétail, ou environ chaque dizaine de moutons, laissant au surplus, à la sagacité de chaque cultivateur, à régler la proportion de son bétail avec l'étendue du terrain qu'il a à exploiter.

Ainsi, nous supposerons une ferme de la contenance de trente hectares ; nous ne doutons pas qu'on ne puisse y tenir et y bien nourrir, au moins quinze têtes de gros bétail, ou leur équivalent en moutons.

Pour cela il faut avoir constamment le tiers de tout son terrain, c'est-à-dire dix hectares, en prairies naturelles ou artificielles, bien entretenues et en bons pâturages, et cela est possible partout. Il n'y a pas, dans tout le Poitou, une seule parcelle de terrain qui ne soit susceptible de faire une prairie ou naturelle ou artificielle, en luzerne, trèfle ou sainfoin, ou un assez bon pâturage.

Sur la ferme de trente hectares de terre que nous prenons pour exemple, en en défalquant les dix hectares qui sont employés à faire des prairies, il n'en restera donc plus que vingt à cultiver annuellement. Comme on ne doit jamais mettre deux céréales l'une après l'autre, il s'ensuit évidemment, qu'on ne doit jamais en ensemencer, chaque année, plus de dix hectares, pour avoir le même nombre l'année suivante.

La ferme de trente hectares doit donc être divisée en trois portions égales, dix hectares en prairies, dix hectares en céréales, et les dix autres hectares en cultures préparatoires de toutes natures, vesces, fourrages, maïs, sarrasin, pois, haricots, plantes oléagineuses et autres, et principalement pommes de terre et betteraves, ou toutes autres plantes que l'on cultive en lignes et auxquelles on donne de nombreux binages et sarclages.

Que l'on s'arrange comme on voudra, nous ne pensons pas que l'on trouve un meilleur moyen tout à la fois de nourrir une plus grande quantité de bestiaux et d'en retirer tous les bénéfices, de faire plus d'engrais, de récolter plus de céréales, et d'avoir un emploi plus régulier du temps et des bras qui sont nécessaires, par conséquent, de retirer un produit brut plus considérable. Et si ce produit brut n'entraîne pas, ainsi qu'il est incontestable, une augmentation de frais en proportion de sa propre augmentation, il sera bien évident que le produit net sera considérablement augmenté ; et cela, non-seulement en n'épuisant pas le sol, mais encore en l'améliorant successivement, et, dès lors, en augmentant encore la valeur du capital.

Pour réaliser ces principes et les fairé passer de la théorie à la pratique, tous les agronomes qui ont écrit ont posé des exemples d'assolemens, les uns de quatre ans, les autres de six ans, et d'autres plus longs encore. Nous pensons qu'il n'est pas possible de poser, à cet égard, des règles absolues, et que chaque cultivateur doit diriger ses cultures suivant ses facultés et ses besoins, tout en s'écartant des principes ci-dessus le moins qu'il pourra. Nous ne chercherons donc pas à imposer un système d'assolement quelconque, nous dirons seulement le mode que nous suivons et que nous croyons satisfaire, à peu près, à toutes les conditions exigées.

Le tiers de notre domaine est constamment en prairies naturelles ou artificielles, luzerne, sainfoin, et quelquefois trèfle, sans pâturages.

Un autre tiers est ensemencé en céréales d'hiver, soit sur prairies rompues, soit sur plantes sarclées ou vesces coupées en vert ; c'est ordinairement dans les céréales sur vesces, qu'avec hersage, nous semons les trèfles.

Et dans le dernier tiers, la moitié, à peu près, est

ensemencée en vesces d'hiver, pour être coupées en vert, et après lesquelles on met encore, en fumant, du sarrasin ou du maïs fourrage et des betteraves repiquées, ces dernières en lignes et sarclées. L'autre moitié est cultivée en pommes de terre et betteraves sur place, fortement fumées et souvent sarclées. Il n'y a dérogation à cet ordre que lorsqu'il s'agit de remplacer une luzerne ou un sainfoin qui doit être rompu. Mais c'est toujours dans ce dernier tiers qu'est compris le terrain où nous semons au printemps luzerne ou sainfoin dans une orge ou avoine d'été très clairsemés.

Ce système d'assolement que nous ne donnons pas comme étant le meilleur, mais que nous garantissons bon, offre, comme tout autre analogue, deux avantages principaux, le premier d'employer les deux tiers de la totalité du domaine à la nourriture des bestiaux, et le second de supprimer complètement les jachères ; mais pour ce dernier cas, à une condition cependant, qui consiste à ne pas ménager les labours, les hersages et les sarclages, de manière à produire tous les bons et les seuls effets que l'on retire ordinairement de la jachère, c'est-à-dire à rendre la terre meuble et à la purger de toute mauvaise herbe.

Les jachères ont, depuis longtemps, fixé l'attention et les recherches des savans agronomes ; tous sont tombés d'accord qu'il fallait supprimer un travail aussi coûteux de toute une année, qui ne produit absolument rien pendant un an ; la question de leur suppression n'en est donc plus une, nous n'avons donc rien à en dire ; mais nous avons à ce sujet un point à éclaircir.

Les savans agronomes prétendent pourtant, ainsi que le font MM. Thaër et Dombasle, que la jachère est le moyen le plus énergique de rendre à un terrain la fertilité qu'il a perdue ; M. Dombasle va même jus-qu'à dire que la jachère produit un amendement réel par le fait de l'exposition successive de toutes les par-ties du sol au contact de l'atmosphère.

Nous concevons et nous admettons la première de ces deux propositions, que la jachère est un moyen énergique de rendre à un sol la fertilité qu'il a perdue. Nous concevons, en effet, qu'un terrain, auquel on ne confie jamais que des céréales, perde sa fertilité pour les céréales, et que si l'on veut encore lui en donner, il faut indispensablement une interruption au moins d'une année. Nous admettons alors que le cultivateur, qui tient à ne faire que des céréales, ait recours à ce moyen qui devient une nécessité, à laquelle il ne sau-rait se soustraire.

Mais nous n'admettons pas que l'on doive employer la jachère dans le but de produire un amendement réel, pas plus que nous ne l'admettrions dans le but de faire reposer le sol. La terre ne se repose jamais, elle produit toujours quand elle est abandonnée à elle-même ; elle est donc toujours susceptible de produire et n'a jamais besoin de repos ; elle a seulement besoin de varier ses produits, qui lui fournissent à elle-même et se fournissent les uns aux autres des amendemens et des engrais, dont ils prennent les dix-neuf vingtiè-mes à l'atmosphère. Nous ne concevons pas dès lors que la terre nue soit amendée, nous serions plutôt tenté de croire qu'il y a absorption par le desséche-ment, et que, sous ce rapport, la terre perd plus qu'elle ne gagne à rester ainsi dépouillée pendant les grandes chaleurs de tout un été.

Si nous admettons cependant, avec nos maîtres,

que la jachère produit un amendement réel, bien certainement on ne contestera pas que des plantes sarclées, d'une belle végétation, ne doivent en produire un bien plus considérable par les résidus qu'elles déposent, et en entretenant, par l'ombrage de leurs feuilles, une humidité bienfaisante.

Nous n'admettons donc en faveur des jachères aucune espèce d'avantage que l'on ne puisse retirer, et au-delà, par la culture des plantes sarclées ; et, pour en citer un exemple, nous prendrons la plante sarclée qui a, sans l'avoir méritée, la réputation d'épuiser davantage le sol, c'est-à-dire la pomme de terre, et nous la placerons après une céréale qui aura fortement épuisé le sol et l'aura laissé infesté de mauvaises herbes.

Aussitôt l'enlèvement de la récolte de céréales, on donne au terrain un coup de herse ou un labour superficiel, qui fait naître toutes les graines tombées sur le sol ; un mois après, ces graines sont nées pour la plupart, on les détruit par un autre coup de herse ; avant ou pendant l'hiver, un profond labour qui expose le fond de la couche arable aux bienfaits des gelées. Après l'hiver, quand la terre est bien ressuyée, un fort coup de herse ou d'extirpateur. On fume et l'on enfouit et le fumier et les pommes de terre par un labour ; de huit à quinze jours après, par un temps sec, un hersage, et un autre quand les pommes de terre commencent à sortir de terre. Pendant la végétation, des sarclages répétés entre les lignes au moyen de la houe à cheval, et un binage à la main dans les lignes. Après l'arrachage des tubercules, un coup de herse ; compléter la fumure, qui n'a été faite qu'en partie, pour que les plantes ne poussent pas plus en feuilles qu'en tubercules ; semer la céréale et couvrir par un labour.

Est-il possible, d'abord, que la jachère la mieux soignée puisse mieux ameublir le sol et le purger de mauvaises herbes, que la culture donnée aux pommes de terre, laquelle, après tout, n'est pas beaucoup plus coûteuse que la culture de la jachère, à laquelle il faut toujours trois labours et plusieurs hersages?

Pour savoir ensuite laquelle des deux cultures amende davantage la terre, que l'on compare entre deux champs voisins ou entre deux parties égales du même champ, dont l'une aura été cultivée en pommes de terre et l'autre en jachère, et qui recevront chacune la même quantité de fumier, que l'on compare le produit en céréales, et nous ne faisons aucun doute que l'avantage sera pour la partie cultivée en pommes de terre.

Cet avantage est tellement reconnu par ceux qui cultivent beaucoup ce précieux tubercule, dont la culture commence à s'étendre dans nos contrées, mais pas encore suffisamment, qu'au proverbe de Jacques Bujault: *Si tu veux des blés, fais des prés*, on en a ajouté un autre (1): *Si tu veux des blés, fais des pommes de terre.*

L'avantage est bien plus considérable encore, quand il s'agit de betteraves ou de maïs fourrage, sans doute en raison de ce que ces plantes ne viennent pas à maturité et de ce que ne craignant pas les plus fortes fumures, on a pu leur donner tout le fumier qui était destiné au champ, et qui, alors, se trouve mieux mélangé avec la terre par l'effet des binages et des sarclages donnés aux plantes.

(1) Ce proverbe est dû à une dame, la femme d'un riche et habile agriculteur de Niort.

Après cette digression sur les jachères, nous compléterons nos observations sur les assolemens, en insistant pour faire remarquer combien il est évident et palpable qu'ils ne doivent être que la conséquence logique et l'application de la connaissance des plantes, du sol et des engrais.

L'assolement est donc la culture raisonnée; l'intelligence de l'homme doit y présider et la gouverner; elle s'exécute à l'aide du travail de l'homme et des animaux, et à l'aide d'instrumens qui simplifient singulièrement le travail des hommes. Les animaux font mouvoir les instrumens que l'homme dirige. Il faut donc de bons animaux, des hommes qui aient de l'intelligence et de la sagacité, et des instrumens qui remplissent leurs fonctions avec la plus grande perfection.

Tous ceux qui se livrent à la culture des terres sont munis d'un plus ou moins grand nombre d'instrumens plus ou moins bons, plus ou moins variés; mais il en est quatre dont nous ne pensons pas que l'on puisse se passer, la herse en fer, l'extirpateur, la houe à cheval et une bonne charrue. Nous trouvons dans la charrue André-Jean toutes les conditions d'une bonne charrue si elle est bien conduite, et nous ne doutons pas que, si quelques cultivateurs ne s'en sont pas trouvés très satisfaits, c'est que l'on s'en sera mal servi.

Enfin, doit-on cultiver à plat ou à sillons? A cet égard, les avis sont partagés. Nous n'avons pas fait d'épreuves pour vérifier lequel des deux modes est le plus productif; nous serions cependant tenté d'admettre l'avantage, à cet égard, pour la culture à plat dans toutes les circonstances, excepté seulement pour les terres où les eaux hivernales ne s'égouttent pas bien. Dans nos terres calcaires surtout, la culture à plat doit mieux conserver l'humidité pendant les chaleurs du printems et de l'été ; mais en admettant qu'il n'y ait pas de différence, pour les produits, entre les deux modes, l'avantage est tellement marqué en faveur de la culture à plat, pour les labours avec des charrues perfectionnées, les hersages, les sarclages, les semailles et récoltes de toutes les espèces de fourrages, que nous ne concevons même pas la possibilité de la culture à sillons dans un bon assolement.

REVUE

AGRICOLE.

—

Après avoir vu ce qui devrait être, après avoir examiné les principes qui doivent diriger la culture des terres, nous allons maintenant passer en revue ce qui se pratique dans le Poitou. Ce rapprochement facilitera beaucoup la tâche, que nous avons entreprise, de signaler ce qui est bien et ce qui est mal, et, par suite, d'indiquer le remède au mal que nous aurons reconnu exister.

Le Poitou se divise en deux grandes classes : 1° les Plaines, et 2° le Bocage ou la Gâtine. Il y en a bien une troisième, le Marais : mais le Marais n'étant pas susceptible de culture, jusqu'à ce qu'il ait été desséché, nous nous bornerons à le mentionner, et le laissant à l'unique destination qu'il comporte, la nourriture des bestiaux, nous ne nous occuperons que des Plaines et de la Gâtine.

Nous ne ferons pas de subdivisions aux deux grandes divisions dont nous voulons nous occuper. L'on pense bien que dans les Plaines comme dans la Gâtine,

toutes les terres ne sont pas de même nature, et pur celles offrent, au contraire, la plus grande variété. Chaque subdivision nécessiterait elle-même de nouvelles
sous-divisions, et celles-ci encore d'autres à l'infini ;
nous serions alors entraîné beaucoup trop loin, et
dans une complication inextricable qui, au reste, serait
sans intérêt pour les observations que nous avons à
faire. Nous laisserons donc aux géologues le soin de
faire cette classification avec tous ses détails.

Entre les Plaines et la Gâtine, il existe de si grandes différences sous tous les rapports, qu'on ne peut
pas les envisager du même coup-d'œil. Il y a différence
tranchée dans la nature des terres, dans les modes de
culture et d'exploitation, et jusque dans la températu-
ture. Dans les Plaines, c'est le travail qui fait tout;
dans la Gâtine, c'est la nature seule qui produit. Dans
les Plaines, c'est une culture outrée, sans le moindre
repos pour les cultivateurs, et dans la Gâtine, c'est
presque exclusivement l'état pastoral. Des différences
aussi marquées entraînent nécessairement des observations différentes ; nous conserverons donc les deux
grandes divisions en Plaines et en Gâtine, pour les
examiner séparément, sous le triple point de vue de
de la culture, des bestiaux et des engrais.

Les Plaines.

Les Plaines du Poitou entourent la Gâtine de trois côtés, au levant, au midi et au nord ; le Marais est au couchant. En sorte que la Gâtine se trouve être parfaitement le centre du Poitou.

Quoiqu'elles embrassent une grande étendue de terrain et qu'elles se trouvent très distantes les unes des autres, les Plaines du Poitou ont cela de commun entr'elles, qu'elles sont exploitées partout à peu près d'une manière uniforme. Il est alors parfaitement inutile de chercher à y faire des distinctions : ce qui s'applique à l'une d'elles, s'applique nécessairement aux autres. Nous les prendrons donc en masse et dans leurs généralités, sauf à spécialiser davantage quand quelques circonstances de détail pourront l'exiger.

La propriété y est partout extrêmement divisée, par suite des nombreuses ventes en détail, qui s'y sont faites depuis environ une trentaine d'années. Il est bien peu de paysans qui ne possèdent plus ou moins de parcelles de terre. Nous n'avons pas fait de statistique à ce sujet ; mais nous pensons ne pas trop nous écarter de la réalité, en disant qu'environ la moitié des Plaines appartient aux petits propriétaires. Ce qui n'a pas été vendu en détail, forme des fermes d'environ cinquante ou soixante hectares chacune, dont un grand nombre appartient encore à des paysans qui les exploitent eux-mêmes.

Il existe bien quelques domaines assez considérables, mais qui n'apportent aucun changement et aucune modification à ce que nous venons d'établir, attendu qu'un domaine est un composé de plusieurs fermes, deux, trois, quatre ou davantage, appartenant au même propriétaire, mais exploitées par des fermiers différens qui ont affaire directement, et chacun de leur côté, au propriétaire. Un domaine est tout simplement le capital de plusieurs rentes.

Fermes ou propriétés appartenant aux paysans qui les exploitent, c'est toujours la même chose, toujours le même mode d'exploitation, sans différence sensible. Nous les comprendrons donc dans la même catégorie, sous la dénomination générale de fermes.

La petite propriété offrant des caractères différens sous plusieurs rapports, et des nuances différentes de ce que nous trouvons dans les fermes, nous en ferons une catégorie à part, que nous examinerons après nous être occupé d'abord des fermes, c'est-à-dire, comme nous le disions tout à l'heure, des corps d'exploitation d'environ cinquante ou soixante hectares de terres labourables.

Des Fermes.

Dans les premiers jours du mois de mai, sentant le besoin de respirer l'air pur de la campagne, vous vous disposez à aller visiter une ferme. Partez après une petite pluie, les chemins éloignés des habitations n'en auront pas trop souffert ; l'eau qui en couvrira quelques portions ou qui y coulera en ruisseau, sera claire et ne gênera pas trop votre marche ; mais le chemin commence à se rétrécir et l'eau qui y coule prend une teinte brune, vous approchez du village ; l'eau devient de plus en plus foncée, elle charrie un limon assez épais, vous savez à peine où poser les pieds, vous êtes tout prêt de la ferme. Suivez toujours cette eau brune, presque noire, entre deux haies ou deux mauvais murs, distans l'un de l'autre d'environ deux mètres, et vous voilà arrivé.

Dans une cour qui jamais n'est close d'aucun côté, le premier objet qui frappe les yeux, c'est la source de l'eau brune, c'est un tas de fumier plus ou moins mal amoncelé, et une nappe assez considérable d'eau croupissante et infecte, continuellement fouillée par les cochons, et presque toujours couverte par des bandes d'oies et de canards qui y prennent leurs ébats et la tiennent dans une agitation sans intervalle de repos ; c'est la mare, c'est l'abreuvoir pour tous les bestiaux.

Autour du fumier et de la mare, il y a quelques bâtimens dispersés la plupart du temps, construits sans ordre, ayant leurs ouvertures dans toutes les directions, peu élevés et tous rendus inabordables par des litières imprégnée d'eau et de boue. A travers ces bâtimens pêle-mêle, l'on a peine à distinguer la maison d'habitation que n'indique aucun signe extérieur différent des étables et des écuries.

L'habitation consiste en une ou deux chambres, au plus, pour le fermier, sa famille et ses domestiques des deux sexes. Ces chambres sont au rez-de-chaussée, contigues, éclairées par une porte et une petite fenêtre, la plupart du temps sans vitres, pavées avec de la terre battue ; au-dessus, à deux mètres ou deux mètres cinquante d'élévation du sol, il y a un plancher supporté par d'énormes poutres, et sur lequel on fait le grenier à grains, dans l'espace peu élevé, compris jusqu'à la toiture.

Ce bâtiment qui se trouve d'un côté de la maison d'habitation, où il faut descendre pour entrer, et qui a, au plus, six ou sept mètres de long sur trois de large, c'est une écurie ; c'est là où, pendant l'hiver, on a entassé et tenu renfermées souvent dix ou douze mules pour les nourrir et les engraisser. Un autre bâtiment analogue sert à loger les bœufs de travail, et quelquefois une vache, et souvent une autre encore pour loger les jumens poulinières. Ces bâtimens sont toujours pleins de fumier, et l'on ne trouve rien de mieux, pour en être moins incommodé, que de pratiquer, à chaque écurie et chaque étable, des égoûts, par où tout le purin s'échappe pour aller fumer les rues du village qu'il rend impraticables.

On loge les moutons, au nombre de trente ou quarante, dans un toit très peu vaste, très peu élevé et sans autre ouverture que la porte, aussi y règne-t-il toujours une très grande chaleur.

Quant au toit à cochons, dans quelque situation qu'il se trouve, il est toujours indiqué par la couleur particulière du jus de fumier qui en sort par la porte ou par l'égoût que l'on a eu la précaution de ménager tout exprès.

En joignant à cela une grange pouvant contenir environ quara te ou cinquante mille kilogramme de fourrages, et un mauvais hangard pour abriter les charrues ; le tout placé dans le premier endroit venu, commodément ou non abordable, l'on se fera une id e assez exacte du tableau que présente, dans les plaines du Poitou, la majeure partie des fermes.

L'encadrement est formé, d'un côté, par une vaste aire garnie de meules de paille, et des autres côtés par quelques petites enclôtures où croissent des noyers et des pruniers, sous lesquels on ne cultive que peu ou point de légumes, mais seulement quelques rares choux à haute tige, dits choux vache. La plupart de ces petites enclôtures, nommées quéreux ou courtilages, sont tapissées de gazon et destinées à la première sortie des poulinières après le part.

Sous tous ces rapports, il n'y a de différence entre les fermes proprement dites et les propriétés exploitées par les propriétaires eux-mêmes, que dans les bâtimens d'habitation. En général, le paysan proprié-

taire s'est fait construire une habitation commode,
éclairée par de grandes croisées et ayant souvent deux
étages ; mais tout le reste est absolument comme dans
les fermes.

Le personnel d'une ferme se compose généralement,
pendant toute l'année, de trois hommes faits, y compris le maître, de la maîtresse, et d'un garçon vacher
et une fille bergère de quinze à seize ans, en tout six
personnes, nombre qui est porté à neuf ou dix pendant les trois mois de la saison des moissons, c'est-à-
dire depuis le 24 juin jusqu'au 29 septembre. Deux
des hommes sont employés journellement à la conduite des attelages, le maître à courir trois ou quatre
marchés et foires par semaine, la maîtresse aux soins
du ménage, des volailles et des cochons, le petit garçon à conduire et garder aux champs les gros bestiaux,
et la petite fille à mener paître les moutons.

Les attelages pour le labourage sont composés, pour
la majeure partie, de deux bœufs par charrues, dans
quelques contrées de mules, rarement de chevaux et
quelquefois tout simplement d'ânes ; on ne voit pourtant
de ces derniers guères que dans les environs de Poitiers.

Les cinquante ou soixante hectares de terre qui dé-
pendent de la ferme et qu'il faut exploiter, consistent
1° en deux ou trois hectares, jamais plus de cinq, de
prairies naturelles en plusieurs morceaux, dont le plus
grand nombre est ordinairement situé dans une vaste
prairie appartenant à plusieurs propriétaires, et soumise à la vaine pâture de toute la commune aussitôt
l'enlèvement de la première herbe ; et 2° en terres
labourables pour tout le surplus, c'est-à-dire pour la
presque totalité.

L'assolement généralement suivi est le triennal : première année, froment sur jachère ; deuxième année, second froment, ou meture, ou baillarge, et troisième année, jachère complète. Dans les environs de Poitiers, on va même jusqu'à faire trois céréales de suite, deux fromens et une orge ou une avoine ou une baillarge, et jachère seulement la quatrième année.

L'introduction de la culture du trèfle a pourtant apporté quelques légères modifications, dans certaines contrées, mais pour quelques pièces de terre privilégiées seulement, à l'ancien assolement triennal. On le sème au printemps dans la deuxième céréale ; l'année suivante, qui est la troisième de l'assolement, on fauche la première coupe et l'on garde la seconde à graines, et, immédiatement, sur un ou deux labours, on ensemence en froment, ou bien, la quatrième année, on fauche ou l'on fait pâturer la première coupe, après quoi, vers la fin de mai ou le commencement de juin, on laboure et fait demi-jachère, pour, à l'automne, ensemencer en froment.

Dans les contrées où l'on a adopté le trèfle, l'on cultive très peu la luzerne et le sainfoin, on trouve qu'ils occupent la terre trop longtemps. Ainsi, dans les Plaines des environs de Niort, il n'y a guères de prairies artificielles qu'en trèfles.

Dans d'autres contrées, par exemple dans les cantons de Neuville, près Poitiers, et Beauvoir, près Niort, c'est le sainfoin qui est presque exclusivement cultivé, et dans d'autres, par exemple, dans le canton de Vouillé, près Poitiers, les communes de Vouillé, Chiré, Ayron, Latillé et autres ne cultivent guères que la luzerne où, il faut le dire, elle réussit parfaitement, jusque dans les terres de la plus maigre et la plus aride apparence.

Quelque soit le genre de prairie artificielle qui ait été adopté, de préférence à tout autre, dans différens cantons, la culture des terres n'en a éprouvé d'autre modification que celle de prolonger l'ancien assolement, en laissant les plantes compléter leur durée ordinaire, les trèfles pendant un ou deux ans, les sainfoins pendant cinq ou six, et les luzernes de huit à douze. Après quoi, l'on revient aux céréales, et uniquement aux céréales entremêlées de jachères, pour recommencer le même genre de prairie artificielle.

Dans d'autres plaines ensuite que nous appellerons les plaines de Fontenay, comprenant Villiers, Saint-Pompain et autres communes, pas un centimètre de terre, soit en prairies naturelles, soit en prairies artificielles de quelque nature que ce soit, pas de plantes sarclées, même des pommes de terre, avec cela pas un arbre. Aussi, au mois d'août, après l'enlèvement des seules récoltes que produisent ces plaines, froment et baillarge, est-ce un affreux désert qui doit donner une assez juste idée des déserts de l'Arabie ; il n'y a pas plus de traces de végétation dans un endroit que dans l'autre.

Là, règne en souverain absolu l'ancien assolement triennal avec jachère ; mais quelle jachère! on ne distingue les guérets que par les nuages soyeux des graines qu'enlève le vent à des forêts de chardons qu'on y a laissé croître, sans songer que l'on va infester, pour longtems, tous les champs d'alentour. Jachère, froment, baillarge, rien de plus, rien de moins, toujours et partout, même aux abords des habitations, fourrages tirés des marais et vaine pâture ; telle est la culture exclusive de la plaine de Fontenay ; pour elle, le siècle n'a pas marché.

Et pourtant toutes, ou presque, toutes les terres y sont bonnes, saines et susceptibles de tous les genres de culture, et propres à toutes les espèces de prairies artificielles. Nous ne connaissons pas de contrée où l'établissement d'une ferme-modèle soit plus nécessaire et puisse avoir de plus belles chances de succès sous tous les rapports.

Un propriétaire instruit a eu récemment l'heureuse idée de faire quelques sainfoins dans ses plus maigres terres ; tous les ans, il en retire une quantité prodigieuse de fourrages. Tous les fermiers des alentours viennent les visiter au mois de mai, ils les admirent, mais ils ne pensent pas encore à imiter cet exemple. Cela viendra sans doute, car il est impossible qu'ils ne se laissent pas séduire et entraîner par l'appât de leur intérêt. Ce qui achèvera de les déterminer, ce sera la comparaison qu'ils pourront faire de leurs fromens, même après jachère et sur leurs meilleures terres, où ils auront mis tous leurs fumiers, avec ceux qu'ils verront, après les sainfoins, rompus sur de maigres terres et sans fumier.

En attendant que la plaine de Fontenay soit, comme elle doit l'être et comme elle le sera un jour, couverte en partie de prairies artificielles de toutes natures, et que les fermiers se soient décidés à faire enfin ce premier pas, nous ferons aux fermiers des autres plaines qui ont fait ce premier pas, des observations tant sur leur mode même de culture des prairies artificielles qu'ils ont adoptées, que sur la destination qu'ils donnent aux produits qu'elles leur fournissent.

Le mode de culture et d'exploitation employé pour les prairies artificielles et spécialement pour le trèfle, offre, suivant nous, deux graves inconvéniens.

Le premier consiste dans l'abus que l'on fait de la même plante, et son retour, dans une période de temps trop rapprochée, sur la même terre. Il est incontestable, en principe et en fait, nous avons vu pourquoi et comment la terre répugne à produire immédiatement les mêmes plantes, et l'expérience a constaté que cette répugnance se prolongeait, au moins, pendant un espace de temps aussi long que la terre avait déjà été occupée. Ainsi, le sainfoin occupe le sol pendant cinq ou six ans, on ne peut donc espérer l'y voir prospérer, de nouveau, qu'après cinq ou six ans, la luzerne environ dix ans, et le trèfle deux ou trois ans.

C'est là une loi fatale à laquelle on ne peut se soustraire. Nous citions tout à l'heure le canton de Vouillé, pour la culture de la luzerne ; eh bien ! là, les cultivateurs n'en sont plus à apprendre que, quand ils veulent devancer l'époque du retour de la luzerne, dans un terrain qui en a déjà produit, elle vient très mal et souvent pas du tout. Il en est de même pour le sainfoin dans les cantons de Neuville et de Beauvoir.

L'inconvénient, que nous signalons, s'aggrave encore dans la culture du trèfle, car il y a, tout à la fois, abus du trèfle et abus des céréales. Sur trois ans, il n'y a qu'une seule année sans céréales, c'est-à-dire que sur trois années, seulement, on trouve le moyen d'occuper la terre, par deux années de céréales et par deux années de trèfle.

Nous ne dissimulerons pas que quelques cultivateurs de trèfle, dans la plaine de Saint-Gelais, même ceux qui exploitent les mêmes terres de cette manière, depuis d'assez longues années, ne se plaignent pas, comme les cultivateurs de luzerne et sainfoin, de diminution notable dans leurs produits ; ils prétendent même ne pas y trouver de différence ; le fait est que leurs trèfles sont toujours admirables.

Quelle est la cause de cette exception à la loi commune que subissent toutes les autres contrées de la France, ainsi que de l'Allemagne et de l'Angleterre ? Nous l'ignorons ; mais nous avons peine à croire que les effets ne s'en feront pas sentir tôt ou tard, et avec d'autant plus d'intensité, qu'ils se seront fait plus attendre.

Le second inconvénient que nous avons à signaler dans le mode de culture et d'exploitation employé pour les prairies artificielles, c'est qu'on les a complètement détournées du but qu'elles devaient atteindre. On leur a donné une toute autre destination que celle qui leur était tout naturellement assignée.

Le but évident des prairies artificielles est de fournir une plus grande masse de fourrages, de manière à nourrir, tout à la fois et beaucoup mieux, et une plus grande quantité de bétail ; par suite, de produire une masse beaucoup plus considérable d'engrais. Les effets des prairies artificielles, exploitées d'une manière rationnelle, sont de donner d'abord des bénéfices sur les bestiaux, et ensuite d'augmenter la fertilité du sol de deux manières, par les engrais qu'elles fournissent et par l'amendement qu'y produisent leur séjour et la décomposition de leurs racines et de leurs feuilles.

Le but a été tout à fait manqué, et les effets ne sont pas du tout ceux que nous venons d'indiquer ; et la cause, la voici : c'est qu'on a fait, des plantes cultivées en prairies artificielles, non pas des plantes fourragères, mais des plantes commerciales. Le principal est la graine, le fourrage n'est que l'accessoire. La première coupe des luzernes et des trèfles fournit, il est vrai, du fourrage ; mais on fait cette première coupe le plutôt possible, en vue de favoriser la seconde, destinée à la graine, par conséquent, avant que les plantes n'aient acquis la maturité convenable, et cette première coupe est presque toujours vendue ; pour les sainfoins, comme c'est la première coupe qui produit la graine, ils ne fournissent donc pas de fourrage.

Sous quelque point de vue qu'on envisage ce mode d'exploitation, il est toujours désastreux : au point de vue agricole, c'est une hérésie ; au point de vue économique, il est désastreux parce qu'il n'apporte aucun accroissement dans les produits de consommation. En céréales, nous admettons qu'il maintienne la balance avec l'assolement triennal. En bestiaux, il n'a apporté aucun changement, et nous tient toujours en position de ne pouvoir soutenir la concurrence, avec les étrangers, qu'avec des droits protecteurs. Au point de vue de l'intérêt particulier, si l'on mettait en balance, d'un côté, le prix net des graines et des fourrages vendus, le prix exorbitant que l'on a payé le terrain vierge de prairies artificielles avec la perspective d'y en établir, le non-accroissement de fertilité de ce terrain bientôt épuisé de prairies et de céréales, et, par conséquent, la perte sur le capital, et, d'un autre côté, les bénéfices que l'on eut pu faire sur les bestiaux, en faisant consommer le fourrage, les produits de tous les genres qu'eussent fournis les engrais, l'accroissement de fertilité du sol, et, par conséquent, l'augmentation de valeur du capital, nous ne doutons pas que la balance ne l'emportât, de beaucoup, du côté de la consommation des fourrages.

Nous avons dit que les prairies artificielles n'avaient

pas amené à leur suite une augmentation suffisante dans le nombre des bestiaux. Dans les contrées à luzerne, les environs de Poitiers et de Vouillé, les bestiaux n'ont même pas augmenté dans la proportion de l'accroissement de la population ; nous y connaissons plusieurs propriétaires qui ont une assez grande étendue de terres en luzerne, sans avoir une seule tête de bétail. Aussi, leurs terres ne reçoivent-elles guères d'autres engrais que du plâtre qui produit sur leurs luzernes des effets prodigieux. Tant que durent les luzernes, cela va encore, mais une fois défrichées, après deux récoltes de céréales, le produit net est nul quand les frais de culture n'excèdent pas la valeur des récoltes.

Dans les contrées à luzerne, nous ne voyons que les cantons de Lusignan, Saint-Sauvant et Celles, où le nombre des bestiaux paraisse avoir pris de l'accroissement.

Dans les contrées à sainfoin, augmentation de bestiaux très peu sensible ; mais on les nourrit mieux et ils sont de meilleure espèce que précédemment.

Dans les contrées à trèfle, l'augmentation du nombre des bestiaux est un peu plus sensible, de même qu'ils sont meilleurs et mieux tenus.

Il n'est pas nécessaire de dire que, dans les contrées où l'on ne s'est pas départi de l'assolement triennal avec jachère, sans prairies artificielles, le nombre des bestiaux se maintient d'une manière invariable ; ce sont toujours les mêmes prairies naturelles et la vaine pâture qui forment leur nourriture.

Pourtant si les prairies artificielles n'ont pas occasionné une augmentation proportionnelle dans le nombre des bestiaux, il est bien certain qu'elles ont produit une assez grande augmentation dans la quantité des fourrages ; mais ce sont les villes qui les consomment, c'est pour les villes qu'ils sont achetés, le plus ordinairement au moment même de la récolte, dans les prés et à assez bas prix.

Nous comprenons bien tout ce que ce mode d'exploitation a eu de séduisant pour les cultivateurs, c'est toujours de l'argent comptant : argent comptant pour le fourrage et argent comptant pour les graines. Si cela devait durer toujours, ce serait vraiment trop beau ; mais malheureusement, cette prospérité est purement factice, et, surtout, n'est que momentanée. La consommation des fourrages par les bestiaux est, au contraire, plus lente à produire ses effets avantageux ; mais la prospérité qu'elle donne est solide et réelle, et, en outre, l'avenir lui appartient. Que l'on compte les cultivateurs qui se sont enrichis, et l'on verra que pour les neuf dixièmes c'est par les bestiaux, par conséquent, par la consommation des fourrages.

C'est donc là, qu'en définitive, bon gré ou mal gré, il faudra en venir tôt ou tard. Si l'on croit avoir du bénéfice à faire des graines, que l'on ne renonce pas à en faire, mais qu'au moins on ne vende aucune espèce de fourrages, et que l'on fasse consommer toutes les coupes qui ne produisent pas de graines.

Quoiqu'il en soit, hâtons-nous de reconnaître que l'établissement des prairies artificielles est toujours un pas et un grand pas fait dans l'amélioration de l'Agriculture du Poitou ; mais il faut corriger les erreurs et les incertitudes de ce premier pas, et surtout ne point s'en tenir là, il n'y a pas de halte possible : car ainsi que l'a dit le savant M. Rieffel « alors que tout « marche autour de nous, il faut que l'Agriculture « avance aussi..... son point d'arrêt serait fatal à tous. »

Pour aller plus en avant, il ne s'agit pas de tout bouleverser, de changer brusquement tous les systèmes, de sauter à pieds joints par-dessus toutes les difficultés, dont sont hérissés tous les changemens de mode de culture. Il faut aller sagement et par gradation, pour ainsi dire sans efforts. Il faut prendre les choses où elles en sont, et seulement leur faire faire un pas de plus, lequel en amènera bientôt un autre, de manière à ce que l'on arrive à peu près à la perfection sans presque s'en apercevoir.

Ainsi, puisqu'on a maintenant les prairies artificielles et que tout le monde en apprécie les avantages, ce n'est pas être exigeant, et il est, au contraire, très rationnel de demander que l'on ait des bestiaux pour consommer les produits de ces prairies ; car, c'est aussi là une manière de vendre ses fourrages, et que l'on se le persuade bien, c'est toujours la manière la plus profitable.

Une fois entrés dans cette voie, les cultivateurs ne s'arrêteront pas. Quand ils auront des bestiaux, ils apprendront promptement qu'il faut bien les nourrir et les soigner, parce qu'il n'y a que les animaux bien soignés et bien nourris qui donnent du profit. Ils sentiront la nécessité de faire des pommes de terre, des betteraves, des carottes, des vesces fourrages, des maïs fourrages, etc., etc., tant pour compléter la nourriture de leurs bestiaux, que pour mieux utiliser les terrains qu'ils laissent si maladroitement en jachère, et surtout pour reposer le sol de l'excessive et, par conséquent, peu productive culture de céréales à laquelle ils se livrent.

Tout cela s'enchaîne et est, comme la conséquence forcée de ce seul fait, la multiplication du bétail. Tout cela, en outre, devient facile à l'aide de l'augmentation de la masse des engrais, dont il faudra bien faire emploi et tirer le meilleur parti possible. Nous avons déjà dit quels soins et quel emploi l'on devait donner aux fumiers, nous n'y reviendrons pas ; nous nous bornerons à recommander aux fermiers d'en faire tant qu'ils pourront, d'employer au printems tout celui qu'ils auront fait et soigné pendant l'hiver, et de continuer à en faire et à en soigner pendant l'été pour l'employer à l'automne.

Cette nécessité d'aller en avant et d'apporter des modifications au système de culture, a déjà été appréciée dans une de nos contrées. Les fermiers et propriétaires de la Plaine, située entre Saint-Gelais, Breloux et Niort, après s'être adonnés presque exclusivement à la production des graines de trèfle, ont augmenté le nombre de leurs bestiaux et commencent à se livrer à la culture des plantes sarclées, sur une échelle beaucoup trop restreinte, mais qui ne peut manquer de prendre de l'extension. Aussi est-ce là où de tout le Poitou, l'Agriculture a fait le plus de progrès et enrichi davantage les cultivateurs. Qu'ils emploient la houe à cheval et sèment, entre deux céréales, des vesces qu'ils feront manger en vert, et ils laisseront bien peu de chose à désirer.

S'ils veulent aller en avant, les cultivateurs des Plaines sentiront bientôt la nécessité d'apporter des modifications et des changemens à leurs instrumens de culture, dont ils comprendront les défectuosités. Dans les environs de Poitiers, on gratte la terre avec une charrue à la perche traînée souvent par des ânes ; auprès de Niort, on la gratte avec une charrue qui n'a de versoir que d'un côté et en prenant le sillon à deux fois, dans tous les cas, où une fois suffirait. L'usage de tous les instrumens perfectionnés est presque absolument inconnu, à l'exception de la herse qui commence à prendre faveur, tellement que déjà nous en voyons beaucoup à dents de fer, et même quelques-unes à losange : les bons instrumens viendront, sans doute, avec la bonne culture.

Pour résumer nos observations sur la culture des Plaines, nous rappelerons ce qui a été dit dans une pétition adressée aux chambres, que les engrais sont la principale puissance motrice et l'élément le plus énergique de la production de l'industrie agricole, que l'engrais seul féconde le sol, que tout part de l'engrais et tout y ramène, que c'est le pivot sur lequel tout se meut, et que toutes les questions agricoles, qui ne sont point envisagées à ce point de vue, sont mal comprises et plus mal résolues.

Et comme complément, nous ajouterons : si vous n'avez pas de prairies, faites-en ; quand vous en aurez, ou si vous en avez, faites-en consommer les produits : par conséquent, ayez des bestiaux qui ne vous feront jamais trop d'engrais. Le résultat sera une augmentation de fertilité du sol, une augmentation de produits en céréales, quoique vous en cultiverez moins, une augmentation progressive du nombre et du produit de vos bestiaux, et, par suite, une augmentation raisonnable dans votre fortune particulière, et nécessairement un accroissement dans le bien-être général du pays.

§ II.

De la petite Propriété.

La petite propriété doit être envisagée sous deux points de vue à la fois, au point de vue matériel et au point de vue politique et de l'économie générale.

Au point de vue matériel, il est incontestable que c'est le petit propriétaire qui, aujourd'hui, tire le meilleur parti du sol. La petite propriété ne connaît pas les jachères, ses cultures sont soignées et très variées, elle fournit à peu près tous les genres de produits que le climat peut comporter, céréales, fourrages de toutes natures, plantes sarclées, plantes potagères, graines oléagineuses, lins, chanvres, etc.

L'habitation du petit propriétaire n'est pas très vaste, mais elle est propre, bien close, bien éclairée, et vaut beaucoup mieux que celle des fermiers : elle consiste généralement en une ou deux chambres au plus, et deux bâtimens de servitudes plus ou moins grands, l'un destiné à mettre à l'abri toutes les récoltes, et l'autre à loger les bestiaux qui consistent, chez les uns, en quatre ou cinq moutons ou brebis; chez les autres, en un plus grand nombre; chez d'autres, et, en outre, en une jument et quelquefois deux bœufs.

Ces bâtimens sont ordinairement construits sur la rue du village, où ils ont leur façade, quelquefois ils sont séparés de la rue par une petite cour : mais toujours il y a, derrière, un verger continuellement entretenu de plantes potagères et planté d'arbres fruitiers de toute espèce, pruniers, poiriers, pommiers, noyers et pêchers.

Le personnel de la petite propriété ne consiste jamais que dans la famille, c'est-à-dire le mari, la femme et les enfans, jusqu'à l'âge de quinze à seize ans; à cet âge on les gage chez les fermiers ou les propriétaires. Jusqu'à ce qu'ils l'aient atteint, ils conduisent aux champs le petit troupeau, ou bien aident leurs père et mère dans leurs travaux. Les parens qui gardent quelques-uns de leurs enfans au-delà cet âge, ne le font que parce qu'ils ont plus de terres à exploiter qu'ils ne ne pourraient en faire seuls : ceux-ci commencent à quitter la catégorie des petits propriétaires et à entrer dans celle de la moyenne propriété.

Dans la petite propriété, tout le monde travaille à la terre, hommes et femmes : quelques-uns se louent à la journée, pour les jours où leurs propres terres ne leur fournissent pas d'occupation. Les façons ne sont jamais ménagées; aussi, pour voir de belles cultures, des cultures soignées et bien peignées, faut-il voir celles de la petite propriété. Pas un coin de terre qui ne rapporte, pas un mètre de terrain en friche, même dans les sols les plus difficiles et les plus ingrats; toutes les difficultés disparaissent, et tout devient fertile par les efforts et la patience des propriétaires qui ont, ainsi dans la plupart des circonstances, décuplé la valeur du sol.

Tel est l'aspect matériel que présente la petite propriété, dont nous ne voulons pas chercher à dissimuler les avantages, et que nous reproduisons tels qu'ils s'offrent à nos yeux.

A ces avantages matériels, il faut ajouter les avantages politiques. Le paysan, devenu propriétaire, s'est élevé au rang de citoyen, il est attaché à la patrie par les liens de son propre intérêt. La propriété l'a moralisé en lui inculquant tous les sentimens de dignité et d'indépendance avec l'amour de l'ordre et de la sobriété. Elle lui a procuré l'aisance et le bien-être, et cette aisance et ce bien-être ont amené l'accroissement de la population, et contribué puissamment à la richesse et à la prospérité de la nation.

Ces avantages incontestables et incontestés, résultant des principes de notre législation qui favorisent la division de la propriété foncière, et la rendent facilement accessible pour tous, ont pourtant leurs revers de médaille ; on a signalé des inconvéniens très sérieux, inhérens à la petite culture, et résultant de l'excessif morcellement du sol. Nous en avons reconnu nous-même, que nous devons faire connaître et apprécier à leur juste valeur, tout à la fois au point de vue de l'Agriculture et au point de vue économique.

Parmi les inconvéniens signalés, nous avons reconnu d'abord que, si la petite propriété fournit des produits considérables, elle ne le fait que par des moyens très coûteux. Elle n'emploie aucun instrument perfectionné, elle ne pratique guère, qu'à bras d'hommes, les plus rudes travaux ; aussi ne produit-elle qu'à peine de quoi subvenir à sa propre consommation ; et, sous ce rapport, elle ne contribuerait à l'accroissement de la richesse nationale que d'une manière passive, c'est-à-dire que si elle n'y apporte rien, au moins elle n'y vient rien prendre.

Cet inconvénient, qui est réel, ce ne sont pas des lois qu'il faut pour le faire disparaître ; il n'y a, suivant nous, qu'un moyen, et ce moyen est à la disposition de tous : on en use et on en abuse assez dans d'autres circonstances, c'est la concurrence. Que la grande et la moyenne propriété fournissent proportionnellement des produits aussi considérables que la petite, qu'elles le fassent par des procédés beaucoup moins onéreux, qu'elles remplacent les bras de l'homme par des machines, par des instrumens perfectionnés, à l'aide desquels elles puissent faire aussi bien et même mieux, bien certainement elles feront disparaître, en grande partie, ce premier inconvénient, et porteront, sous ce rapport, un coup terrible à la petite propriété. Il faut donc attendre que ce moyen ait été employé, et nous désirons bien ardemment qu'il le soit, dans l'intérêt de l'Agriculture, avant de s'occuper d'en chercher d'autres plus efficaces.

On reproche encore à la petite propriété d'être un obstacle aux bons assolemens : nous ne savons si ce reproche est mérité dans certaines contrées ; mais, dans les plaines du Poitou, nous ne pensons pas qu'il en soit ainsi, et les obstacles aux bons assolemens y proviendraient bien plutôt de la vaine pâture et des jachères. Car, ainsi que nous l'avons fait remarquer, ni la grande, ni la moyenne propriété ne sont bien avancées en Agriculture, tandis qu'au contraire, la petite propriété donne l'exemple, il faut le dire, et occupe continuellement le sol, sans doute avec plus ou moins d'intelligence. Et comme la vaine pâture ne s'exerce et ne peut s'exercer que sur les terrains où il n'y a pas de récoltes pendantes, il en résulte qu'elle s'exerce sur la grande et la moyenne propriété, qui lui donnent toujours prise et accès, tandis qu'elle ne s'exerce pas ou fort peu sur la petite propriété, et que, sous ce rapport, ce serait plutôt le voisinage de la grande propriété qui nuirait à la petite, que la petite à la grande propriété.

C'est donc une erreur, de reprocher à la petite propriété de s'opposer aux bons assolemens : nous la voyons, au contraire, seule dans la bonne voie et n'apportant aucune entrave à aucune autre propriété. Et, en effet, que l'on parcourre les régions où le morcellement soit le plus excessif ; par exemple, certains terrains d'alluvion, où les parcelles ne sont quelquefois que de quatre ou cinq ares. Dans le même tènement, on trouvera les cultures et les assolemens les plus variés, des trèfles, des luzernes, des sainfoins, des chanvres, des lins, des colzas, du froment, de l'orge, de l'avoine, des pommes de terre, des betteraves, du jardinage, etc., tout cela entremêlé suivant les caprices ou les goûts des différens propriétaires ; mais sans gêne et sans contrainte les uns envers les autres. Dans le canton de Saint-Loup, et principalement dans la commune de Louin, il y a moins de variétés dans la petite culture, ce sont toujours, la première année, des pois, des fèves ou des haricots binés et sarclés avec le plus grand soin, et la seconde année, du froment pour reprendre encore les pois, les fèves et les haricots et le froment ensuite ; assolement qui n'est pas sans mérite. Eh bien ! quelles que soient les cultures opérées par la petite propriété, nous les voyons partout effectuées librement et sans entraves entre petits propriétaires, et nous ne saurions comprendre que ce qu'elle fait ainsi, ne put pas l'être aussi librement par la grande ou la moyenne propriété.

Un autre inconvénient que l'on reproche à la petite propriété, c'est de faire disparaître les bestiaux et surtout les moutons. La petite propriété a cela de commun avec la moyenne propriété, qu'elle ne s'occupe pas assez du bétail ; c'est un reproche que nous avons fait aux fermes, et dont une portion doit retomber sur la petite propriété. Il résulte cependant des renseignemens que nous avons pris, et de nos propres observations que, dans certaines communes où la propriété est le plus divisée, il y a plus de bêtes ovines qu'il y a une trentaine d'années, et que le nombre en augmente un peu tous les ans. Ce ne sont pas de grands troupeaux, mais chaque petit propriétaire en a un certain nombre proportionné à ses facultés pécuniaires et à la quantité de nourriture qu'il peut leur donner.

Un fait curieux à noter, c'est que précisément dans les contrées où l'on se livre avec excès à la culture des luzernes et des trèfles, le nombre des bestiaux reste toujours stationnaire, il n'a pas augmenté, mais il n'a pas diminué, toujours par le motif que les graines sont le but principal des prairies artificielles. Dans les contrées où l'on ne fait qu'un sage emploi des prairies artificielles, par exemple, dans les cantons de Beauvoir, Frontenay et autres, indépendamment du petit troupeau de moutons, beaucoup de petits propriétaires en sont déjà à la vache ou à la jument poulinière. Le haras de la Revêtison, près Beauvoir, fait saillir, à lui seul, environ cinq cents jumens, dont la majeure partie appartient à la petite propriété.

Les petits propriétaires sentent bien que tous leurs efforts de travail ne sont pas payés, et que l'engrais leur manque pour retirer de leur terrain, tous les produits qu'ils sont en droit d'en attendre. Ils savent bien aussi tous les bénéfices que procure le bétail en sus des engrais ; mais toutes leurs ressources pécuniaires ont été employées à l'acquisition de quelques pièces de terre, et il leur faut désormais de nouvelles économies pour se procurer quelques pièces de bétail. Ceux qui sont propriétaires depuis longtemps, qui se sont libérés de leurs premières acquisitions, et qui n'ambitionnent pas ou n'ont plus l'occasion d'en faire d'autres, ceux-ci ont des bestiaux ; ils en ont le plus qu'ils peuvent, d'où l'on peut conjecturer que les nouveaux propriétaires ne tarderont pas à en avoir également. Par conséquent, la petite culture ne serait pas une entrave à l'augmentation du bétail, du moins pas plus que la moyenne propriété.

On signale un inconvénient plus grave, résultant des questions d'enclave, de passage et servitudes de toute nature qui entraîneraient les querelles, les procès, les haines et les vengeances. A cet égard encore, nous ne croyons pas le mal aussi considérable qu'on veut bien le dire, et on le reconnaîtra comme nous, si l'on fait une distinction entre ceux qui sont propriétaires depuis longtemps, et ceux qui ne le sont que tout récemment. Parmi les premiers, il existe une très grande tolérance : chacun sait, par expérience, en avoir besoin journellement de la part de ses voisins. L'habitude de la propriété les a dépouillés de toute aigreur ; mais il n'en est pas de même des propriétaires récens, la vanité les aveugle pour quelque temps, et exclut toute espèce de tolérance dans leurs relations de voisinage. Ils n'en ont pas encore senti le besoin pour eux-mêmes, ils la refusent aux autres avec aigreur ; le temps et l'expérience les ramèneront bientôt à la raison.

Nous avons dit précédemment que, dans nos contrées, presque tous les paysans étaient propriétaires d'une plus ou moins grande quantité de parcelles de terre ; et, pourtant, ce sont ces petits propriétaires qui fournissent des bras à la moyenne et à la grande propriété. Nous ne saurions douter que c'est à cette position de propriétaires qu'occupent les ouvriers, que doit être attribuée la marche ascendante de l'augmentation des salaires des domestiques et gens de journée, augmentation qui menace de dépasser, dans certaines contrées, les justes proportions qui doivent exister entre le prix de revient de la main-d'œuvre et le produit net qu'elle fournit. C'est également à la même cause que doivent être attribuées toutes les exigeances des domestiques. Ainsi que nous l'avons dit, ils vivent chez eux avec la plus grande sobriété ; chez les autres, ils ne sont jamais contens, quoiqu'on leur donne en plus grande abondance et beaucoup meilleur qu'ils n'ont dans leur famille.

Il est certain que c'est là un inconvénient réel et d'une assez grande gravité, dont la moyenne culture a surtout à souffrir ; mais qu'y faire ? Il nous semble que la moyenne propriété peut se tirer elle-même de cette situation fâcheuse, en suivant un mode de culture plus rationnel, qui la mette à même de produire davantage et à moins de frais, à l'aide des instrumens perfectionnés et des machines, et par suite, en position ou de ne pas être à la discrétion des exigences des aides qu'elle emploie, ou de donner satisfaction à ces exigences sans trop compromettre ses propres intérêts.

Le plus grand inconvénient du morcellement excessif des terres, c'est l'enchevêtrement des propriétés sans chemin pour y arriver. Tout le monde comprend que c'est là un des plus graves obstacles aux progrès de l'Agriculture ; mais faut-il encore des lois pour
y apporter un remède ? Voyons donc d'abord ce qui
se passe.

Quand la révolution de 1789 eut constitué la propriété, l'eut faite libre et dégagée de toute entrave,
et l'eut rendue accessible pour tous, chaque habitant
des campagnes ambitionna de s'élever à la dignité de
propriétaire. Aux premières occasions qui se présen-
tèrent, on acheta des terres à tort et à travers, qu'elles
fussent ou non à la convenance ; on tenait trop à en
posséder pour y regarder de bien près. D'intervalle en
intervalle, de nouvelles occasions sont venues s'offrir,
et de nouveaux acquéreurs ont agi comme les premiers.

Après les premières années données à la satisfaction
de la vanité, la voix de l'intérêt et de la raison a pu se
faire entendre des propriétaires. Ils ont observé que
telle pièce de terre, qu'ils avaient acquise, convenait
mieux à leur voisin qu'à eux-mêmes, et que ce voisin
en avait une qui était mieux à leur convenance qu'à la
sienne. Les voilà tout naturellement amenés dans la
voie des échanges, et, par suite, dans la réunion de
parcelles beaucoup trop éparses. Et désormais on
n'achète plus que pour s'arrondir et s'aggrandir, soit
directement, soit par l'effet d'échanges à faire.

Cette marche ascendante vers la réunion des parcelles de terre, est un fait que chacun peut observer,
principalement dans les cantons où la division date de
loin, et où les cultivateurs sont propriétaires depuis
plusieurs années. Dans la contrée que nous habitons,

où le commencement de la petite propriété date de la révolution, nous voyons, en général, les échanges être proposés et acceptés avec la plus grande facilité, les petits domaines s'arrondir d'une manière sensible, et, par conséquent, les inconvéniens de l'enchevêtrement disparaître peu à peu; inconvéniens, du reste, qui sont beaucoup diminués par la tolérance respective de tous les propriétaires; ainsi que nous l'avons déjà fait remarquer.

La constitution de la petite propriété est bien récente, puisqu'elle remonte à peine à une cinquantaine d'années, pour qu'on puisse juger sainement de ses bons et de ses mauvais effets. Nous pensons qu'il faut attendre beaucoup du temps, et surtout ne pas apporter d'entraves aux bons instincts des propriétaires, comme on l'a fait, en paralysant le mouvement d'échanges qu'ils avaient imprimé et qu'il faudrait, au contraire, favoriser. Une loi, du 17 juin 1824, facilitait les échanges en les affranchissant du droit proportionnel d'enregistrement, et en ne les assujétissant qu'à un droit fixe de 2 francs; mais cette loi a été abrogée dans un intérêt fiscal, par une autre loi du 24 mai 1834. Il serait opportun de remettre en vigueur la loi de 1824, en prenant toutefois les moyens de parer aux abus qui ont pu être commis sous l'empire de cette loi.

On reproche enfin à la petite propriété de substituer la bêche à la charrue, et d'être contraire à l'esprit d'association qu'il faut encourager. Nous ne savons pas tout ce qui se pratique dans les autres provinces de la France, mais nous croyons savoir ce qui se pratique dans le Poitou, et surtout dans la contrée que nous habitons. Eh bien! là, voici ce que nous remarquons: les petits propriétaires ont bien encore quelques par-

celles de terre où la bêche seule peut être introduite ;
mais tous ont des champs assez grands pour être cultivés à la charrue, et alors, ou ils ont eux-mêmes l'attelage nécessaire à la conduite de la charrue, ou ils ont
recours aux fermiers et à la moyenne propriété avec
lesquels ils font échange du travail de leurs bras pour
celui des attelages. Nous faisons nous-même journellement de semblables échanges, nous labourons les terres
de nos voisins qui nous remboursent par le travail à
la main dont nous pouvons avoir besoin ; ou bien
encore, l'un a une jument et le voisin en a une autre,
ils les réunissent et forment un attelage qui est à la disposition de l'un et de l'autre, à tour de rôle. Nous connaissons plusieurs accouplemens de ce genre.

La conséquence à tirer de ce fait, c'est que la petite
propriété, si elle a été assujétie à la bêche, tend tous
les jours à s'en affranchir, et que si la division est le
contraire de l'association, c'est peut-être la division
qui doit enfanter l'association. Le fait est que nous
ne voyons, nulle part, la grande et la moyenne
propriété se venir en aide entr'elles dans aucunes circonstances ; tandis que la petite propriété, la propriété
divisée, nous fournit les exemples que nous venons de
rapporter.

Pour résumer nos investigations au sujet de la petite
propriété, nous dirons qu'il est incontestable qu'elle
offre des avantages de la plus haute importance sous
tous les rapports ; que les inconvéniens qu'on lui reproche, sont plus ou moins contestables ; que si elle
en a de réels, elle a cela de commun avec toutes les
institutions humaines, et qu'après tout, entraînée soit
par la nécessité, soit par son propre intérêt, elle tend,
de plus en plus, à secouer les inconvéniens qu'on lui

reproche et elle en viendra à bout, car elle aurait à en souffrir plus que tout autre.

La petite propriété est encore dans l'enfance, elle n'a pas encore subi l'épreuve du temps, et déjà on l'a jugée et condamnée. On veut la réorganiser, comme si l'on pouvait toucher à son organisation sans toucher à toute notre organisation sociale. Nous concevons les systèmes qui, prenant l'édifice social dès sa base et le suivant dans tous ses développemens, proposent la substitution d'un autre édifice tout entier ; mais nous ne comprenons pas qu'on propose d'en saper seulement une faible partie et de reconstruire à la place, en contradiction avec toutes les règles et tous les principes qui régissent le reste de l'édifice. Le principe qui gouverne tout, est la liberté ; liberté du commerce, liberté de l'industrie, liberté de la propriété : peut-on toucher à l'une de ces libertés sans ébranler les autres ? Si la liberté est funeste dans un cas, elle l'est nécessairement dans tous et par les mêmes motifs.

Les détracteurs de la petite propriété n'ont vu qu'un incident dans la division du sol, incident que l'on devrait étouffer au moyen de quelque replâtrage. En entrant plus avant au fond des choses, ils auraient vu plus que cela ; ils auraient vu qu'il y a là toute une révolution, que c'est un déclassement complet de la propriété qui est emportée par un mouvement immense. La propriété passe des mains inhabiles et négligentes dans celles qui savent en tirer parti, des mains de ceux qui consomment sans produire, dans les mains de ceux qui produisaient sans consommer : elle échappe à l'oisiveté pour se jeter dans les cinquante millions de bras des travailleurs agricoles.

Ce déclassement inévitable de la propriété vers lequel la force des choses entraîne, comme une fatalité ; ce mouvement immense auquel l'état de nos institutions ne permet pas d'apporter d'entraves, est-il un bien? est-il un mal? tournera-t-il à l'avantage de la fortune publique? ou sera-t-il une calamité nationale?...... L'avenir nous l'apprendra.

ARTICLE II.

La Gâtine.

En quittant les Plaines, ce pays que vous apercevez et qui fait un si grand contraste avec elles ; ces terrains accidentés où rien n'est plat et tout est, au contraire, en petits coteaux d'une pente peu rapide, entrecoupés de vallons ; ces grandes pièces de terre entourées d'arbres et de haies vives, d'une belle végétation ; ces champs engazonnés, couverts de bestiaux ; ces genêts, ces ajoncs et ces bruyères : c'est le Bocage, c'est la Gâtine.

Si c'est l'été, pendant deux ou trois mois, entrez dans ces chemins profonds et couverts de chaque côté par les branches des haies et des arbres, vous arriverez à votre destination, que vous soyez à pied ou à cheval, et même quelquefois en voiture ; mais en toute autre saison, pendant environ neuf mois de l'année, n'essayez pas à vous y aventurer en voiture, vous n'iriez pas à cent mètres. Ayez un bon cheval, qui soit de force à s'arracher, quand il entre dans la boue jusques aux sangles, ou, si vous êtes à pied, prenez les échaliers et les *chintres* qui bordent le chemin.

La Gâtine n'est pas très peuplée, et le paraît encore moins qu'elle ne l'est, en raison, sans doute, de ce que la plupart des habitations ne donnent pas sur les chemins, dont elles sont souvent assez éloignées, et de ce que, étant entourées d'arbres, il faut être dessus pour les voir. De telle sorte que l'on peut très bien suivre les chemins pendant très longtemps sans rencontrer une seule habitation ni un seul habitant.

Quoiqu'il en soit, nous ne dissimulerons pas que c'est notre pays de prédilection, parce que nous ne doutons pas qu'il n'ait devant lui le plus bel avenir agricole. Là tout est à faire; mais tout est possible. Il ne s'agit que de vouloir, et cette volonté ne saurait manquer de se manifester très prochainement.

En Gâtine, nous n'avons pas, comme dans les Plaines, à distinguer entre les fermes et la petite propriété; nous pouvons tout comprendre dans la même catégorie et tout embrasser d'un seul coup-d'œil, car ici la division de la propriété est inconnue, les ventes en détail y sont à peu près impossibles; et si l'Agriculture n'y a pas fait de progrès, ce n'est pas au morcellement que l'on peut s'en prendre, pas plus qu'aux parcours et vaine pâture dont les noms même y sont entièrement ignorés.

Il y a encore, dans la Gâtine, beaucoup de grands domaines; chacun d'eux est affermé à un fermier général qui en exploite une partie et sous-loue le surplus par corps de ferme: de telle sorte que la grande propriété n'y exerce pas plus d'influence que la petite. Il n'y a, dans la Gâtine, absolument que des fermes, lesquelles appartiennent toutes à des propriétaires qui ne les exploitent pas eux-mêmes. Les uns en possèdent une seule, les autres deux, et d'autres un plus grand nombre. Ces fermes sont plus ou moins importantes, et plus ou moins étendues les unes que les autres ; mais on peut en fixer la superficie moyenne à trente-cinq ou quarante hectares.

Le tableau des bâtimens d'une ferme de la Gâtine n'offre guère de différence avec celui d'une ferme de la Plaine ; l'avantage serait même pour la ferme de la Plaine, en raison de ce qu'elle est moins sale, au moins pendant une plus grande partie de l'année. La Gâtine, cependant, a généralement plus de bâtimens pour loger les bestiaux, mais tout aussi mal disposés et aérés, et tout autant enfouis dans le sol et inabordables, tant à l'extérieur qu'à l'intérieur. La quantité de bestiaux que l'on parvient à entasser dans de pareils bouges est incroyable. La ferme de Gâtine a en outre ses jardins où l'on cultive les grossières plantes potagères ; et ses vergers, ainsi que toutes ses haies, peuplés de beaucoup d'arbres fruitiers, de très belle venue, mais généralement des plus mauvaises espèces.

Assez souvent, une ferme forme un petit village. Indépendamment de l'habitation du fermier, il y a quelques mauvais bâtimens que le fermier loue à des bordiers qui lui paient le prix de la location par du travail. Certaines fermes ont ainsi jusqu'à cinq ou six bordiers qui sont sans ouvrage, eux et toute leur famille, pendant une grande partie de l'année. Aussi le bordier de Gâtine est-il l'être le plus misérable de tout le Poitou.

Autour des habitations, c'est du fumier partout ; dans les cours, dans les chemins avoisinans, on ne marche, si toutefois on peut y marcher, que dans des

cloaques entretenus par la boue, les eaux de pluie, les
égouts des tas de fumier, et ceux des étables et des
écuries, et par des litières de bruyères ou d'ajoncs que
l'on y répand continuellement, et que l'on n'enlève
qu'une fois chaque année.

Le personnel d'une ferme, dont les bordiers ne sont
qu'un accessoire, est ordinairement moins nombreux
en Gâtine qu'en Plaine. En fait d'exploitation, le fermier ne compte pas ; la semaine n'a pas assez de jours
pour toutes les foires et tous les marchés qui ne peuvent pas se passer de lui, et où il va courir afin de voir
s'il n'y a point quelques affaires. La fermière, de son
côté, va ordinairement à un ou deux marchés voisins
par semaine, pour y vendre des œufs, des volailles,
du beurre ou du fromage.

Pour l'exécution des travaux, il y a deux hommes
faits, dont l'un est qualifié de granger, parce qu'il a la
direction de la grange, des fourrages, des attelages
et des labours ; l'autre laboure aussi quelquefois, mais
sa principale occupation consiste dans les travaux à la
main, et, en outre, un vacher pour la conduite des
bestiaux au pâturage et à l'abreuvoir, et une grande
fille pour garder les moutons. Dans beaucoup de fermes, ce personnel n'est composé que des membres de
la famille du fermier, rarement le nombre est augmenté, même pendant l'été ; les bordiers sont là pour
les fanaisons et les moissons.

Les attelages sont toujours, et sans exception, composés de bœufs ; quatre, six et souvent huit bœufs sont
employés à une seule charrue, non pas tant en raison
de la force de la terre, que de la mauvaise construction de la massive charrue dont on fait usage. Tous les
charrois s'effectuent aussi exclusivement avec des

bœufs dont, pour cet objet, le nombre n'est jamais trop considérable, par suite de l'état incroyable des chemins qu'il faut parcourir. Cette habitude de suivre la marche lente des bœufs a imprimé à l'habitant de la Gâtine, un caractère de lenteur qui se manifeste dans tous ses mouvemens et dans toutes ses actions.

Jamais on ne laboure pendant l'hiver, c'est-à-dire après les semailles d'automne, jusqu'à la levée des guérêts au printemps. L'unique occupation de cette saison consiste à tondre les haies et têtards qui entourent les champs et qui viennent en coupe tous les neuf ans, à recaler les fossés, et principalement à palisser tous les champs avec du bois sec, partout où les haies vives font défaut, de manière à intercepter absolument le passage à toute espèce de bestiaux. Nous ne pensons pas que nulle part ailleurs on ait porté à un aussi haut degré l'art des *palisses* en bois sec.

Recueillir les fumiers et les entasser dans le plus grand désordre, est encore une des occupations de l'hiver. Pendant l'été on ne fait plus guère d'engrais, tous les bestiaux ne quittant pas les pâturages et n'abordant plus les étables, à l'exception toutefois des moutons et de l'espèce chevaline, que l'on rentre seulement la nuit dans la crainte des attaques du loup.

Les occupations de l'été consistent dans la récolte des fourrages et celle des seigles et avoine, les soins à la jachère qui n'est jamais négligée et est, au contraire, toujours entretenue dans le meilleur état de propreté et d'ameublissement, et le transport des fumiers que l'on amoncelle dans la pièce de terre en jachère, et que l'on bêche à plusieurs reprises, de manière à les réduire le plus possible en poussière et à pouvoir les répandre sur le sol avec la main, au moyen de paniers dans lesquels on les reçoit en suivant la charrette qui les distribue.

En général, tout ce que fait le Gâtinais, il le fait bien, c'est-à-dire qu'il n'épargne rien pour bien faire ; ainsi, ses jachères feraient honte aux jachères de la Plaine, il n'épargne jamais les labours ni les hersages qu'il exécute avec une grande herse en bois triangulaire. Dans les terres où il met du fumier, il en met des quantités considérables, au moins trois fois plus que le cultivateur de la Plaine. Si son fumier était bon et s'il ne s'était pas donné tant de mal pour le gâter, ses récoltes verseraient inévitablement, ce qui ne leur arrive jamais guère. Il est vrai qu'il lui est aisé d'être plus soigneux que dans la Plaine, car il entreprend beaucoup moins d'ouvrage, et sa besogne est toujours circonscrite dans un bien petit rayon.

Les fermes se composent ordinairement de trente-six hectares de terre arable, en neuf ou dix pièces, quelquefois plus, closes de fossés et de haies vives, et de quelques hectares de prairies naturelles, situées dans des vallons sur le bord d'un cours d'eau, alimenté par les nombreuses sources et fontaines dont le pays est parsemé. Souvent aussi, en outre, sont attachés à la ferme des bois taillis plus ou moins vastes et qui se coupent tous les neuf ans, et des étendues considérables de terres en bruyères où la charrue n'a jamais pénétré.

L'assolement de la Gâtine est, à peu près nul, et dès lors inqualifiable. Si cependant on veut bien en reconnaître un dans le genre de culture qui est invariablement suivi, pour lui donner un nom, nous dirons qu'il est de toute la durée du bail, c'est-à-dire de neuf ans ; car voici comment on procède : sur les neuf ou dix pièces de terre dont se compose la ferme, on en choisit une qu'on laboure au printems et pendant tout l'été ; c'est la jachère la plus radicale et la plus complète. A l'automne, on la couvre de tout le fumier qui a été fait pendant toute l'année, et on l'ensemence en seigle ; l'année suivante, on l'ensemence en avoine d'hiver, puis on la laisse s'engazonner pour faire des pâturages. On passe ainsi tous les ans à une nouvelle pièce, de telle sorte, qu'il n'y a jamais que deux pièces ensemencées à la fois, l'une en seigle et l'autre en avoine, et qu'en les prenant toutes les unes après les autres, chacune n'est prise qu'une fois dans la période des neuf années du bail.

On fait aussi, généralement partout, des pommes de terre, dans quelques portions des meilleurs champs, et, dans certaines contrées, où les pièces de terre sont plus nombreuses, mais plus petites, on en ensemence ordinairement une en blé noir ou sarrasin.

Ne cultivant, en céréales propres à l'alimentation de l'homme, que le neuvième de ses terres arables, la Gâtine n'en produit guère plus que pour sa consommation. Elle consomme aussi environ la moitié des avoines que produit un autre neuvième de ses terres arables et vend le reste. Les sept autres neuvièmes, et, en outre, les bois et les bruyères sont spécialement et uniquement destinés au pâturage des bestiaux. On ne retire des prés que tout jusque de quoi entretenir le bétail pendant les momens les plus rigoureux de l'hiver. Nous avons dit plus haut que c'était l'état pastoral, on peut en juger.

Ainsi, l'on peut dire que l'exploitation agricole consiste presque uniquement dans les pâturages, et que la culture des terres y est si restreinte, qu'elle doit à peine entrer en ligne de compte.

Si l'on comprend de suite les avantages que ce mode peut procurer, l'on comprend aussi tout ce qu'il offre de défectueux et tous les inconvéniens qui y sont attachés. Il est bien certain que l'on ne peut pas faire avec moins de peines, moins de frais et moins de travail, et qu'ainsi le bien vient pour ainsi dire en dormant ; mais aussi tout est subordonné à la conduite des saisons.

Dans les années les plus favorables, voici ce qui se passe : pendant la saison du printems, les pâturages sont d'une abondance extrême ; les bestiaux grandissent, engraissent et sont dans un état admirable. Les chaleurs de l'été brûlent une portion des herbes et arrêtent la végétation ; les bestiaux font un temps d'arrêt, et souvent perdent une partie des bénéfices du printems. La nouvelle végétation de l'automne fait reverdir les pâturages ; les bestiaux se refont et s'entretiennent en assez bon état. Puis les rigueurs de l'hiver détruisent tous les pâturages, et les bestiaux n'y trouvent plus de quoi les empêcher de mourir de faim, ils dépérissent et ne font plus que végéter à l'aide de quelques poignées de foin qu'on leur distribue pour suppléer à l'insuffisance du pâturage.

Mais que les saisons se conduisent mal, ce qui n'arrive que trop souvent, qu'elles soient ou trop humides ou trop sèches, que les pâturages viennent maigres ou trop élavés et, par conséquent, peu nourrissans ; et que souvent même il n'en vienne pas du tout, que l'on juge alors des effets que cela peut produire sur les bestiaux ; car il n'y a pas de palliatif possible, il n'y a pas de ressources pour sortir de cette fâcheuse position, il faut la subir et en attendre une meilleure.

Ces alternatives de bien-être et de malaise que subissent les bestiaux ; même dans les cas les plus favorables, leur sont beaucoup plus nuisibles que ne le pensent généralement les fermiers de la Gâtine. Elles paralysent leur développement et leur croissance, et leur enlèvent une grande portion de leurs forces. Il n'y a que les bestiaux bien soignés et bien entretenus sans interruption qui atteignent le degré de perfection qu'ils comportent : les races sont bonnes en Gâtine, elles seraient parfaites. Que l'on fasse la comparaison, qu'on prenne deux jeunes veaux de même âge, de même race, de même conformation, qu'on en élève un comme d'habitude, et que l'on donne à l'autre un supplément de nourriture pour le soustraire aux vicissitudes des saisons ; quand ils seront bœufs tous les deux, l'un vaudra un quart ou un tiers de plus que l'autre.

Les variations que subissent les pâturages entraînent un autre inconvénient de la plus haute gravité. Quand les pâturages sont très mauvais, il n'y a pas d'autre ressource que de vendre les bestiaux qui sont exposés à mourir de faim. Tout le monde veut vendre à la fois, et il n'y a pas d'acheteurs. Les bestiaux tombent donc à vil prix. Un mois après, les pâturages se sont refaits et sont devenus excellens ; tout le monde veut acheter, très peu veulent vendre ; les prix sont alors portés à un point inabordable. Vendre pour rien et acheter exorbitamment cher, voilà les chances de ruine auxquelles sont, tous les ans, exposés les fermiers de la Gâtine.

Nous ne dirons pas qu'un tel état de choses ne saurait durer, puisqu'il dure depuis des siècles ; mais nous dirons qu'il peut être amélioré très facilement et sans de grands efforts. Nous ne dirons pas qu'il faut le changer radicalement, mais qu'il faut le modifier graduellement par des moyens à la portée de chaque fermier. Il faut tout simplement faire en sorte de produire, par la culture, ce supplément de fourrage dont le besoin se fait sentir périodiquement à certaines époques de l'année, et de se créer une ressource contre l'insuffisance des pâturages ; c'est possible partout.

Depuis plusieurs années, quelques riches fermiers, plus intelligens et plus industrieux que les autres, sont entrés dans cette voie, en semant, dans leurs avoines, des trèfles qui réussissent admirablement et leur donnent, l'année suivante, quelquefois jusqu'à six et huit mille kilogrammes de foin sec par hectare, pour la première coupe ; la seconde coupe est presque toujours gardée à graine. On fauche encore au moins une coupe l'année d'après, et, dans tous les cas, on est assuré d'un excellent pâturage pour toute l'année, même pendant les grandes chaleurs de l'été.

C'est beaucoup sans doute, mais ce n'est pas assez. Ce champ qui fait jachère et auquel on prodigue tant de soins et tant de labours sans en rien retirer immédiatement, qu'au printems on le couvre de fumier et qu'on l'ensemence tout entier en pommes de terre, en betteraves, en carottes et en maïs fourrage ; qu'on donne les mêmes soins et les mêmes labours, ni plus ni moins qu'à la jachère, et l'on est assuré d'abondans produits qui ne coûteront de plus que n'aurait fait la jachère, que la peine de les récolter, et ne diminueront pas d'un grain, s'ils ne l'augmentent pas, le produit du seigle qui suivra ; ce sera une immense ressource pour l'automne et surtout pour l'hiver.

Ce n'est pas tout encore, il reste toujours une lacune à combler, celle que peut occasionner la trop grande sécheresse du printems et du commencement de l'été, en voici le moyen : après le seigle, au lieu d'y mettre immédiatement de l'avoine , il faut semer de la vesce , qui réussit bien et fournira , depuis le milieu de mai jusqu'au milieu de juillet , une énorme quantité d'excellent fourrage vert pour tous les bestiaux , et dont on pourra même faire sécher une portion , en cas de besoin , pour l'approvisionnement de l'hiver. L'avoine réussira mieux après les vesces qu'après le seigle.

On voit que nous ne demandons rien que de très facile et fort peu dispendieux ; c'est ainsi qu'il faut commencer , pour avoir quelques chances de réussir auprès de la plupart des fermiers qui , seuls , se livrent à l'exploitation du sol. Qu'ils entrent dans cette voie , les résultats qu'ils obtiendront les entraîneront, de conséquences en conséquences , à faire davantage et à retirer enfin de leurs terres tous les produits qu'elles sont susceptibles de fournir.

Le premier résultat de ce surcroît de fourrages sera d'assurer aux fermiers tous les profits à faire sur les bestiaux. Ils ne vendront et n'achèteront que quand et comme ils voudront. Ils pourront et devront même augmenter le nombre de ceux qu'ils possèdent déjà ; et , par conséquent , ils auront plus d'occasions de bénéfices à faire. Ils seront mis , du moins , dans une position fixe et dégagée de toutes les incertitudes où ils ont flotté sans cesse jusqu'à ce moment.

Un second résultat sera d'augmenter la quantité de leurs engrais , car il faudra bien faire consommer , à l'étable , les fourrages verts qu'ils faucheront , ainsi que les betteraves et les pommes de terre. Il faudra bien modifier un peu ce pâturage perpétuel , dont un des graves inconvéniens est de ne pas produire de fumier : et sans fumier , le Gâtinais le sait aussi bien que qui que ce soit, il n'y a à espérer ni seigle et avoine, ni herbes dans les pâturages.

La stabulation complète, tant prônée dans le Nord, n'est susceptible d'être exécutée que dans les terres d'une excessive fertilité, où l'on puisse toujours faucher tous les fourrages ; mais elle serait désavantageuse dans le Poitou, tant en Gâtine qu'en Plaine, où presque jamais il n'est possible d'introduire la faulx sur des terrains qui, pâturés, fournissent une abondante et une bonne alimentation aux bestiaux, et sans cela, tourneraient en pure perte. Nous sommes donc convaincu que l'on ne devra songer, dans nos contrées, à tenir continuellement les bestiaux à l'étable que quand la fertilité de nos terres aura été augmentée de manière à ce que l'on puisse faucher tous les fourrages qu'elles produiront.

Mais entre le pâturage permanent et la stabulation complète, il y a un moyen terme que nous désirerions vivement voir adopter, principalement par les fermiers de la Gâtine. Il consiste à rentrer tous les bestiaux à l'étable chaque soir, ainsi que vers le milieu du jour, pendant la force de la chaleur, et à leur fournir d'abondantes litières. Si les pâturages sont bons, et que les bestiaux soient bien rassasiés, qu'on ne leur donne rien à l'étable si l'on veut ; mais s'ils ne sont pas suffisamment rassasiés, il faut satisfaire leur appétit à l'aide des fourrages que l'on aura cultivés. Par ce moyen, tout-à-la fois, et les bestiaux seront plus régulièrement et mieux entretenus, et l'on recueillera la majeure partie des engrais.

Quand on aura ainsi augmenté considérablement la quantité des fumiers, il faudra, par des soins convenables, en augmenter la qualité et aviser ensuite aux

moyens de faire un bon emploi de cette source de richesse. Au lieu d'un champ que l'on fume tous les ans
abondamment, il faudra en fumer de la même manière
deux, et peut-être trois ; et que l'on ne craigne pas de
porter préjudice aux pâturages : s'ils sont moins nombreux, ils seront meilleurs et produiront au moins
les mêmes effets.

Pour faire un bon emploi des engrais, pourquoi ne
pas faire du froment ? pourquoi s'en tenir toujours au
seigle qui vaut moins d'argent et n'a pas de débouché ?
parce qu'il existe et qu'il a toujours existé un préjugé
que les terres de la Gâtine ne conviennent pas au froment et qu'il n'y réussirait pas : mais il faut savoir et
bien se pénétrer que partout où le trèfle réussit, le
froment réussit aussi ; que partout où réussit le froment, le trèfle réussit également, et que la réussite de
l'un est toujours proportionnelle à la réussite de l'autre.
Qu'ainsi, dans les terres où le trèfle vient magnifique,
le froment vient magnifique, et de même du trèfle
par rapport au froment. Par conséquent, tous les trèfles qui ont été faits dans diverses parties de la Gâtine,
étant venus admirablement, on peut regarder comme
certain que le froment y viendrait de la même manière :
aussi toutes les tentatives d'introduction du froment
dans la culture, qui ont été faites depuis quelques années, ont-elles eu un plein succès.

Le sol de la Gâtine est argileux dans beaucoup d'en-
droits, dans d'autres argilo-siliceux, et dans d'autres
granitique. Le calcaire semble en être, à peu près,
complètement exclu : aussi la chaux y fait-elle mer-
veille. Il y a très peu de temps que le Gâtinais en fait
usage, mais il a eu le bon esprit d'en apprécier tous les
avantages ; et maintenant les fours sont insuffisans pour

en fournir à tous ceux qui en demandent. On la répand au mois de juin, et on l'enterre immédiatement par le second ou troisième labour de la jachère. C'est curieux à voir, par un beau jour d'été, que tous ces guérets blancs comme s'ils étaient couverts de neige. Avec l'extension qu'il donne à l'emploi de la chaux, si le le Gâtinais faisait plus de fumier, nous le verrions bientôt ensemencer autant de terre en froment que le fermier de la Plaine, et en récolter trois fois davantage.

Cultiver plus de terres, n'entraînera pas la nécessité d'augmenter le nombre des attelages qui est déjà trop considérable, si l'on veut corriger les vices de la charrue qu'on emploie, ou mieux encore lui en substituer complètement une autre, qui fera la même besogne et la fera mieux avec moitié moins de bœufs qu'on en attelle à cette massive et défectueuse charrue. Il n'y aura d'augmentation que dans la somme de travail à effectuer et l'emploi d'un laboureur de plus, mince excédant de frais dont on sera largement remboursé par l'excédant des produits en céréales et en fourrages.

La facilité avec laquelle le sol s'engazonne, doit être mise à profit pour son accroissement de fertilité: c'est le but que se proposent les fermiers en le laissant ainsi pendant huit ou dix ans ; mais c'est beaucoup trop longtemps ; quatre ou cinq ans sont grandement suffisans. On entretient ensuite cette fertilité par des engrais, et en ne la dépensant pas toute à la production de deux céréales consécutives.

Telle est la marche que nous voudrions voir adopter par les fermiers de la Gâtine, et qui peut se résumer en deux mots : donner davantage au travail et modifier l'état pastoral. On ne fait pas d'agriculture en Gâtine, il faut en faire : l'intérêt général et l'intérêt particulier des fermiers eux-mêmes l'exigent impérieusement. Et pourquoi n'y en ferait-on pas ? c'est peut-être, de toute la France, la contrée où la végétation soit le plus luxuriante et où l'on soit le moins gêné par aucune espèce d'entraves, ni morcellement, ni enchevêtrement, ni parcours, ni vaine pâture. La fraîcheur du sol s'y entretient beaucoup mieux que dans les Plaines, par l'effet tant du sous-sol et des nombreux arbres qui y sont accrus, que des sources et ruisseaux dont il est abreuvé et dont une bonne agriculture tirerait un parti si avantageux pour les irrigations auxquelles on ne songe seulement pas aujourd'hui.

La Gâtine est donc dans les meilleures conditions pour faire de l'agriculture, avec d'autant plus de raison qu'elle possède déjà les bestiaux qui en sont partout la base essentielle. La culture des terres et les modifications au pâturage lui assureront les bénéfices de ses bestiaux ; elles en augmenteront le nombre, tout en fournissant l'occasion et les moyens de les améliorer et de les perfectionner graduellement.

Les types de tous les genres de bestiaux y sont très beaux : on y trouve, entr'autres, la jument poitevine, qui seule produit ces magnifiques mules dont le Poitou a le monopole sur le marché de tout l'univers, et dont l'exportation à l'étranger fait rentrer en France, tous les ans, une partie des millions qu'enlève l'importation d'autres produits.

Il y a le bœuf gâtinais, connu dans le commerce sous ce nom et sous celui de bœuf de Parthenay, dont la vigoureuse construction musculaire le rend propre au travail pendant plusieurs années et facile à engraisser ensuite. La boucherie de Paris en fait le plus grand cas; la vache qui le produit est bonne laitière, pas très élevée de taille, mais bien constituée. Dans les fermes, on n'utilise son lait qu'à la nourriture du veau, qu'elle allaite pendant cinq ou six mois; mais comme laitière, elle donne environ de dix à quinze litres de lait par jour. Tant que le bœuf aura une double destination, le travail et la boucherie, et la vache celle de donner du lait, on devra conserver dans toute sa pureté la race bovine de la Gâtine.

L'on ne doit pas de même songer à croiser la race ovine ou à lui en substituer une autre. Le mouton de la Gâtine est celui que les bouchers de Paris estiment le plus: une race qui occupe le premier rang et qui procure tant de bénéfices aux fermiers, doit être respectée et conservée avec soin.

La race indigène des porcs n'est peut-être que médiocre; on en propage une autre qui paraît être plus belle et plus avantageuse, la race craonnaise, qui prend généralement faveur et ne tardera pas alors à supplanter l'ancienne, laquelle n'est pourtant pas sans mérite.

Dans chaque ferme, il y a toujours en moyenne vingt-trois ou vingt-quatre têtes de gros bétail, vingt ou trente moutons et une ou deux truies mères, avec chacune sa famille. En gros bétail, il y a ordinairement deux jumens poulinières avec chacune leur suite, mule ou poulain indifféremment, trois élèves de deux ans, quatre vaches allaitant leurs veaux, deux génisses, quatre taureaux et huit bœufs de travail. On commence à atteler les taureaux de temps en temps après deux ans, et on les vend à trois ans, comme bœufs de travail.

Les moutons n'arrivent dans les fermes où on les engraisse, qu'après en avoir couru cinq ou six autres. On les tire, dans le principe, des arrondissemens de

Melle et de Niort où ils naissent, et comme on ne les engraisse qu'à trois ans, ils passent de ferme en ferme les années qui suivent leur naissance, avançant graduellement d'un terrain peu fertile sur des terrains qui le sont davantage, laissant toujours un peu de bénéfice dans les mains de chacun de ceux où ils passent.

Il est un fait, concernant les bestiaux, qui nous a paru digne de remarque, c'est que le Gâtinais a les idées tellement peu tournées vers l'Agriculture, que généralement ce n'est pas comme producteur ou comme éleveur qu'il s'occupe des bestiaux qui font sa seule occupation, mais bien plutôt comme brocanteur, comme commerçant. Les riches fermiers, surtout, ne sont absolument que des marchands de bestiaux. Nous n'osons pas les blâmer s'ils trouvent ce commerce avantageux pour leurs intérêts : mais nous voudrions bien les voir moins s'occuper de commerce et davantage de cultiver leurs terres, et nous ne doutons pas qu'ils n'en retireraient autant de profits.

En voilà assez, ce nous semble, pour jeter quelque jour sur ce qu'est la Gâtine et sur les ressources qu'elle offre pour la prospérité de ceux qui l'exploitent et la richesse nationale. Les fermiers y sont généralement dans l'aisance, quelques-uns même sont riches ; mais à côté d'eux, les bordiers et tout ce qui n'est pas fermier sont dans la misère, parce qu'ils sont sans ouvrage ; et pourtant ils ne demandent qu'à travailler pour vivre : ils sont forcés de mendier auprès des possesseurs du sol et de grapiller sur leurs terres. Pourquoi ces derniers ne comprennent-ils pas que les aumônes sont uniquement onéreuses pour eux et insuffisantes pour ceux qui les reçoivent. Pourquoi, alors, au lieu de stériles aumônes, ne donnent-ils pas du travail qui sera fécond et productif pour eux et pour les ouvriers. Leur intérêt particulier, l'humanité et l'intérêt général, leur en font un devoir : tout nous porte donc à croire qu'ils l'accompliront.

Nous pourrions terminer par une comparaison entre la Gâtine et la Plaine. D'un côté, la nature faisant tous les frais dans un sol fertile, mais ne fournissant qu'un seul produit qui ne tourne qu'à l'avantage du petit nombre ; d'un autre côté, le travail forçant un sol plus ingrat à produire pour tous, ce qui peut augmenter leur bien-être. D'un côté, la richesse de quelques-uns et la misère du plus grand nombre ; de l'autre côté, la richesse de tous. D'un côté, la grande et la moyenne propriété exclusivement ; et de l'autre, la division du sol, même poussée à l'excès. Nous pourrions aussi tirer, de cette comparaison, plusieurs conséquences qui ne seraient peut-être pas à l'avantage de la grande propriété ; mais nous ne le ferons pas, d'abord parce que cela nous entraînerait trop loin, et ensuite parce que nous pensons que si l'on ne doit apporter aucune entrave à la division de la propriété déjà opérée, l'on ne doit non plus rien faire pour la favoriser et l'introduire là où elle n'existe pas encore.

ARTICLE III.

Des bonnes Cultures.

Les bonnes cultures sont rares dans le Poitou ; nous ne nous en sommes pas occupé jusqu'à présent, d'abord parce que nous n'avons rien à leur apprendre, et que ce n'est pas pour elles que nous avons voulu écrire, et ensuite parce qu'elles nous auraient peut-être trop écarté de notre sujet, quoique nous n'ayons que bien peu de choses à en dire.

Que dire, en effet, d'environ une dizaine de propriétaires, tout au plus, qui se sont faits les sentinelles avancées de l'Agriculture rationnelle, et sont disséminés, comme des points, sur le vaste territoire de toute une province ? si ce n'est que leur dévouement est au-dessus de tout éloge, et qu'ils ont bien mérité de leurs concitoyens et de la nation toute entière.

Deux ou trois propriétaires dans la Gâtine, et sept ou huit dans les Plaines, sont les seuls agriculteurs que compte le Poitou. Seuls, ils ont eu le courage d'entreprendre de combattre les préjugés et les difficultés de toutes natures, dont est toujours hérissée l'introduction d'un nouveau système de culture, de propager les bonnes méthodes, et de faire progresser l'art agricole. Nous voudrions signaler leurs noms à la reconnaissance publique, mais nous craignons de les blesser dans leur modestie.

L'on comprend que les efforts isolés d'un si petit nombre d'hommes dévoués n'aient pas encore été d'une grande efficacité. Il leur a fallu d'abord beaucoup de peines et de temps pour se faire comprendre des aides qu'ils emploient, pour vaincre leur routine et les façonner aux exigences d'un travail tout nouveau et au maniement d'instrumens qui ne fonctionnent pas comme ceux qui étaient auparavant en usage. Il faut ensuite beaucoup de temps encore pour que les résultats soient appréciables par les moins clairvoyans, et combien ne faut-il pas de temps pour que les exemples les meilleurs et qui offrent les avantages le moins contestables, décident les gens de la campagne à rompre avec les habitudes de toute leur vie ?

Parmi les fermiers, nous n'en connaissons guère que deux ou trois dans la plaine de Saint-Gelais, qui paraissent avoir la bonne volonté de mettre à profit les leçons qui leur sont données, en se procurant des charrues perfectionnées, des herses et quelques rares houes à cheval, et se livrant à la culture de quelques racines dont ils font un emploi très intelligent.

Il n'y a, pour ainsi dire, que la petite propriété à qui ces leçons paraissent avoir profité, puisqu'il n'y a qu'elle qui sache convenablement cultiver la terre, varier ses récoltes, et, par conséquent, entretenir la fertilité du sol, tout en retirant la plus grande masse possible de produits.

Mais si l'exemple, donné par ces apôtres de l'Agriculture, n'a pas produit tous les effets physiques que l'on aurait pu en attendre, c'est-à-dire s'il n'a occasionné que quelques légères modifications au mode vicieux de culture généralement suivi, il a, du moins, produit un puissant effet moral. L'attention a été attirée sur les campagnes, le goût des choses de l'Agriculture s'est introduit. Il y a peu d'années encore, on eut tourné le dos à un cultivateur, quelque fut son mérite d'ailleurs ; mais aujourd'hui on l'écoute et l'on a de la considération pour lui, quand on lui reconnaît quelque mérite. On eut ri au nez de celui qui se serait avisé de parler de froment, de terres, de fumier ; aujourd'hui l'on parle et l'on raisonne, en tous lieux, de tout ce qui se rattache à l'Agriculture.

L'on ne s'est pas contenté d'en parler et d'en raisonner en petits comités, il a fallu se réunir plusieurs pour en parler plus longuement et plus sérieusement, et l'on a formé des Sociétés d'Agriculture et des Comices agricoles, dont tout le monde a voulu faire partie, même les hommes les plus étrangers à la culture des terres par leur position sociale et leur éducation.

Nous ne savons pas trop qui, le premier, a dit que l'Agriculture était *à la mode* ; mais si nous pensions qu'il eut dit une vérité, nous briserions notre charrue et notre plume, et nous désespérerions de l'humanité. Eh quoi ! l'Agriculture ne serait vraiment que ce hochet que la légèreté française prend un jour pour briser le lendemain ; que ce caprice futil et fugitif qu'on appelle *la mode*. Cette industrie qui emploie vingt-cinq millions de travailleurs tous les jours de chaque année ; cet art qui donne la tranquilité de l'âme et les plus nobles sentimens de dignité et d'indépendance à ceux qui le cultivent, et qui produit tout ce qui peut

servir aux besoins et au bien-être de toute l'humanité ;
cette science qui absorbe toutes les veilles des hommes
les plus savans , et des philosophes les plus distingués ,
tout cela ne serait qu'*une mode !*..... Non , cela ne peut
pas être , cela n'est pas.

Il n'y a que des esprits superficiels qui aient pu en
juger ainsi et nous devons les plaindre plus que les
blâmer , s'ils n'ont pas vu le fond des choses , s'ils n'ont
pas observé que l'Agriculture n'est pas et ne saurait
être une fantaisie d'un moment , que c'est une chose
sérieuse , un besoin et une nécessité ; que principe de
toute organisation sociale , l'Agriculture est appelée à
gouverner et gouvernera le monde ; qu'elle n'est encore que dans l'enfance , mais qu'elle emploie toutes
ses forces à briser les langes et les entraves dont elle
est enveloppée , et que l'avenir lui appartient.

Ce n'est donc pas à donner naissance à une simple
mode, qu'ont abouti tous les efforts des agriculteurs distingués qui ont soulevé le boisseau sous lequel était
cachée la lumière , et ont prêché d'exemple devant
leurs concitoyens. S'ils n'ont réussi qu'à les émouvoir,
c'est déjà beaucoup , c'est déjà un grand pas ; mais
s'ils n'ont pas obtenu davantage , c'est que ce n'était
pas possible , c'est qu'il y a des causes qui constituent
une résistance que n'ont pu vaincre leurs efforts isolés.

Il nous reste donc encore à rechercher ces causes
du peu de progrès qu'a fait l'Agriculture dans nos contrées , à les signaler à l'attention de tous , et à provo-
quer l'application des remèdes que nous croirons assez
efficaces pour faire disparaître le mal en en détruisant
les causes.

OBSTACLES

AUX PROGRÈS

DE L'AGRICULTURE.

—

L'Agriculture exploite, en France, plus de quarante millions d'hectares de terre, sur les cinquante-trois millions, dont se compose tout le territoire français, et qui appartiennent à douze millions de propriétaires. Elle occupe les bras de vingt-cinq millions d'individus, sur les trente-trois millions qui forment le montant de toute la population. Elle exploite un capital immobilier de quarante-cinq milliards, et un capital mobilier de six milliards. Elle fournit, tous les ans, pour six milliards de produits bruts de toute nature, et un revenu net de seize cent millions. Et elle paie environ sept cent trente millions, chaque année, sur la totalité du budget.

« Mère nourrice de toutes les industries qui se posent ses rivales, l'Agriculture leur fournit encore presque toutes les matières premières sur lesquelles elles s'exercent ; elle produit la laine, le chanvre, le lin, la soie pour vêtir les riches comme les pauvres ; elle fait croître une population forte , saine, amie de la paix et de la stabilité ; elle fournit à la guerre les trois quarts de ses soldats , et ces soldats sont les plus forts, les plus patiens, les plus dociles. Elle lui prépare les chevaux pour sa cavalerie et pour conduire son matériel ; elle élève , pour la marine , ses matelots , et produit , à l'exception du fer , toutes les matières nécessaires à ses constructions: Enfin , elle couvre la France entière , elle est , en quelque sorte , la France elle-même ; intérêt presque unique des trois quarts de ses habitans , elle enlace tous les autres intérêts dans les siens (1). »

De toutes les branches de l'industrie humaine , l'Agriculture est seule à l'abri des tempêtes révolutionnaires qui peuvent bien l'émouvoir , mais ne sauraient parvenir à l'ébranler. A la moindre commotion , toutes les autres industries et le commerce sont aux abois , un rien les paralyse et peut les anéantir ; mais les révolutions se succèdent, l'Agriculture laisse passer et fonctionne toujours.

Aussi l'Agriculture a-t-elle, un jour, sauvé la France d'une ruine certaine. L'on sait que lors de la gigantesque révolution de 1793, il n'y avait plus de commerce, que la monnaie et les capitaux avaient disparu avec toutes les richesses mobilières, que la France avait à soutenir tout à la fois la guerre civile et des guerres extérieures qui nécessitaient l'emploi de sept armées différentes ; mais l'Agriculture exploitait le sol , elle produisait de quoi subvenir à tous les besoins et trouvait encore le moyen de faire à l'étranger des exportations considérables.

_____

(1) M. A. Puvis.

L'Agriculture est donc la source principale de la richesse nationale, et l'élément le plus solide de la puissance de la France qui a toujours été et sera toujours une nation essentiellement agricole.

Et pourtant combien les résultats qu'elle donne sont loin de ce qu'ils peuvent et devraient être! Il est incontestable que ses produits pourraient être, au moins, doublés sur les terres qu'elle exploite. Elle ne cultive que les trois cinquièmes du sol, et laisse en friches plus de dix millions d'hectares de terre, c'est-à-dire la surface entière de seize ou dix-sept départemens, puisque la moyenne de la contenance de chaque département est de six cent seize mille hectares. Et quand tout progresse autour d'elle, seule elle ne progresse pas pour ainsi dire, et reste à peu près stationnaire dans la majeure partie de la France.

Pourquoi cela? Pourquoi l'industrie, l'art, la science qui jouent un rôle si important dans l'état ne suivent-ils pas la marche ascendante que nous voyons suivie par toutes les autres industries, tous les autres arts et toutes les autres sciences. Quelles sont donc, en un mot, les causes de cette immobilité au milieu du mouvement qui entraîne tout le reste avec tant de rapidité?

On en signale généralement plusieurs à chacune desquelles on attribue plus ou moins d'importance particulière, suivant la manière particulière dont elles sont envisagées par ceux qui s'en sont occupés. Ainsi, suivant les uns, c'est le parcours et la vaine pâture, suivant les autres, c'est le morcellement, suivant d'autres, c'est le manque de capitaux, ce sont les clauses vicieuses des baux à ferme, c'est le mauvais état des chemins, c'est le manque d'engrais, c'est enfin le défaut d'éducation chez les gens de la campagne.

Nous pensons que toutes ces causes ne sont que purement accessoires et sont subordonnées à une cause principale qui les résume toutes et doit inévitablement les entraîner toutes avec elle ; et cette cause principale, c'est, non pas seulement le défaut d'éducation chez les gens de la campagne, mais le défaut d'instruction agricole chez tous les citoyens en général.

L'enseignement est de deux natures en France ; il y a d'abord l'enseignement général qui peut avoir le mérite d'être bon à tout, mais qui a l'inconvénient de n'être propre à rien. Ensuite, il n'y a pas de science, d'art, d'industrie, de profession et même de métier qui n'ait son enseignement particulier.

On compte autant d'écoles diverses que de besoins différens. Il y a pour les besoins de l'armée, l'école polytechnique, c'est-à-dire du génie militaire et de l'artillerie, l'école de cavalerie, l'école d'état-major et l'école vétérinaire. Pour les besoins de la marine, les écoles navales et des constructions maritimes. Pour les besoins de la jurisprudence, il y a de nombreuses écoles de droit. Pour les besoins de la religion, il y a de nombreux séminaires. Pour les besoins civils, il y a encore l'école polytechnique, c'est-à-dire des ponts et chaussées, l'école des mines, l'école forestière ; les écoles de médecine, les écoles normales, les colléges et les écoles primaires. Pour les besoins des beaux-arts, il y a l'école des beaux-arts et une école de déclamation, de musique et même de danse..... et tant d'autres qu'il serait superflu de nommer.

Toutes ces écoles fournissent, aux frais de l'état par lequel elles sont entretenues, tous les genres d'instruction que l'on peut désirer pour embrasser une profession quelconque ; et, sous ce rapport, elles sont toutes plus ou moins utiles à la prospérité ou à la gloire de la nation.

L'Agriculture seule n'est point enseignée, elle est abandonnée à elle-même ; aussi, la voyons-nous ne marcher qu'au hasard, de tâtonnemens en tâtonnemens, et n'être qu'un simple métier presque exclusivement exploité par la portion la plus ignorante de la population.

Et pourtant, par ses propres efforts, elle a pris position parmi les arts et conquis le droit de cité parmi les plus hautes sciences par « *l'avénement de l'intelligence* dans un art autrefois confié aux seules forces matérielles, à l'exclusion presque totale de la puissance intellectuelle de l'homme (1). » Et, pourtant, tout le monde semble d'accord qu'il est urgent de combler cette lacune qui ne devrait pas exister dans la distribution de l'enseignement que l'état doit à toutes les classes de la société.

Ministres, députés, hommes d'état, fonctionnaires publics, que l'on s'adresse à qui l'on voudra, tous sont dans les meilleures dispositions pour l'Agriculture ; tous sont pleins de la meilleure volonté. Comment se fait-il donc que l'Agriculture reste sans organisation, sans lumières, et que ses seules relations avec le gouvernement n'aient, pour ainsi dire, lieu que par l'intermédiaire du percepteur ? Nous avons peine à concevoir que, dans une nation aussi puissante que la France, on ne puisse pas venir à bout de réaliser les vœux de toute la population agricole qui demande qu'on l'éclaire, quand les chambres et le gouvernement en sentent également la nécessité et paraissent disposés

______

(1) M. Rieffel.

à ne mettre aucune opposition à la réalisation de ces vœux.

Les élémens d'un bon enseignement agricole ne manquent pourtant pas. Grâces aux efforts et au dévouement de quelques hommes éminens dans la science, les théories scientifiques et les procédés pratiques sont parvenus à un très haut degré d'élévation, mais restent sans application, parce qu'ils n'ont aucun point de rapprochement ou de liaison avec la pratique, et que l'enseignement seul peut établir cette communication.

Nous concevons que, dans la plupart des circonstances, le gouvernement doive mettre de la circonspection et de la prudence à introduire des innovations qui, heurtant des droits acquis et changeant des positions faites, peuvent entraîner des bouleversemens ou jeter le trouble dans toute la société. Mais il n'y a rien de pareil à redouter, il n'y a aucune espèce de commotion à craindre de la création du système d'enseignement agricole même le plus vaste et le plus complet. Ce serait bien l'innovation la plus inoffensive et qui s'opérerait le plus tranquillement de toutes celles qui sont proposées et même introduites journellement.

Le chapitre des dépenses ne saurait non plus être un empêchement, ni moralement, ni physiquement ; car si, d'un côté, la propriété foncière et l'Agriculture contribuent, pour plus de moitié, dans les recettes totales de l'état, c'est-à-dire pour plus de sept cents millions, est-il juste que, pour satisfaire à tous ses besoins, on ne lui alloue à dépenser que la modique somme de huit cent mille francs. D'un autre côté, si le défaut d'instruction empêche de tirer du sol tous les produits qu'il peut fournir, et s'il est incontestable, comme, en effet, il est incontesté, que l'extension des connaissances agricoles doit avoir pour effet immédiat une augmentation considérable de produits, c'est par millions qu'il faudra compter le moindre accroissement de revenu annuel, quelque minime qu'il soit, ne fût-il que de vingt, dix, et même un pour cent. La dépense serait donc largement couverte et tellement productive, qu'au point de vue financier, ce serait une très belle et très bonne opération.

Il n'y a donc pas d'obstacles sérieux à ce qu'enfin l'Agriculture vienne prendre rang parmi les nombreuses choses qui sont enseignées. Mais si l'on est généralement d'accord sur le principe, que l'état doit s'occuper de développer l'instruction agricole, l'on n'est plus autant d'accord sur les moyens d'appliquer ce principe. Une foule de systèmes sont mis en avant, plus ou moins larges, plus ou moins complets, et plus ou moins rationnels les uns que les autres. Jusqu'à l'anglomanie qui a trouvé moyen de se glisser dans la question, comme si, en fait de moyens et de méthodes d'éducation quelconque, la France avait besoin d'aller chercher des modèles chez ses voisins, et n'en fournissait pas, au contraire, à toutes les nations civilisées.

Qu'est-il besoin de tant s'inquiéter du mode d'enseignement agricole à adopter? Le génie français qui a su donner à toutes les autres branches de l'instruction une si vigoureuse impulsion et une organisation qui laisse si peu à désirer, qui, entr'autres, a su donner à son armée, une organisation et un enseignement si complets, qu'ils font l'orgueil et la gloire de la France, et l'admiration du monde entier; ce même génie ne saurait être embarrassé pour organiser l'enseignement de l'Agriculture; il fera pour celle-ci, ce qu'il a fait pour celle-là.

Puisque nous avons pris l'armée pour terme de comparaison ou plutôt pour exemple de ce que peut la France en matière d'enseignement, voyons comment on procède pour l'armée. Il y a pour tous les corps et pour toutes les positions supérieures, intermédiaires et inférieures, enseignement théorique et pratique, approprié au rôle que chacun est appelé à jouer, depuis le plus haut enseignement scientifique qu'il ait été donné à l'homme d'atteindre, jusqu'aux applications spéciales, et jusqu'à la plus simple manœuvre, tout est prévu, tout se produit en temps et lieux convenables.

Ce qui se fait pour l'armée, pourquoi donc ne le ferait-on pas pour l'Agriculture ? Il faut que l'Agriculture soit enseignée à toutes les classes de la société ; il faut donc là aussi pour toutes les classes et toutes les positions supérieures, intermédiaires et inférieures, enseignement théorique et pratique approprié au rôle de chacun ; comme pour l'armée, il faut un haut enseignement scientifique et des écoles d'application et de manœuvres. Les plans sont tout faits, il n'y a qu'à changer les mots, canon et fusil, pour le mot charrue.

Il est donc inutile de se creuser le cerveau pour trouver un système d'enseignement agricole. Quand le gouvernement voudra entrer dans cette voie, on peut être assuré que les moyens ne lui manqueront pas, et qu'à cet égard, il lui suffira de vouloir pour pouvoir. Nous n'avons pas, par conséquent, à nous en occuper, et tous nos efforts doivent avoir uniquement pour but d'amener le gouvernement à vouloir et à vouloir promptement.

La nécessité d'organiser l'enseignement agricole immédiatement, déjà reconnue par tout le monde, devient bien plus urgente encore s'il est vrai, comme nous le prétendons, que le défaut d'instruction agricole chez tous les citoyens, en général, est la cause principale de toutes les entraves qui existent aux progrès de l'Agriculture, et même la seule cause dont toutes les autres ne sont que des accessoires et des conséquences, et dont, dès lors, les existences lui sont subordonnées. Démontrons cette proposition en reprenant chacun de ces motifs que nous considérons comme l'accessoire ou plutôt le fruit de l'ignorance.

1° LE PARCOURS ET LA VAINE PATURE.

Ils sont signalés par tout le monde comme la difficulté et l'inconvénient les plus graves à l'adoption d'un bon système d'assolement. La vaine pâture est le droit qu'ont tous les habitans d'une commune de mener paître leurs bestiaux sur toutes les terres de la commune qui ne sont pas couvertes de récoltes, et sur certaines prairies naturelles après l'enlèvement de la première herbe. Le parcours est le même droit des habitans d'une commune sur le territoire d'une autre commune voisine. Ce n'est pas le morcellement de la propriété qui a établi ces droits, leur origine se perd dans la nuit des temps.

L'on conçoit que de pareils droits ne laissent aucune sûreté aux récoltes, surtout avec la manière dont se fait généralement la police dans les campagnes. Nous avons vu entre deux champs de trèfle, sur un champ en jachère de la largeur de dix mètres au plus et long de cent cinquante mètres, plus de trente moutons conduits par une bergère de douze ou quinze ans, seule et sans chien pour lui aider. Ce fait se renouvelle journellement ; les troupeaux sont conduits sur le plus petit espace laissé inculte entre deux récoltes de blé, de fourrages, de betteraves ou toutes autres ; aussi ces récoltes sont-elles toujours attaquées dans une largeur plus ou moins grande, sans possibilité, pour le propriétaire, d'obtenir réparation du grave préjudice qui lui est ainsi causé.

Une loi générale, applicable à toute la France, qui supprimerait ces droits, remédierait-elle complètement au mal? Depuis 1805, il est question d'en faire une ; mais elle reste toujours à l'état de projet, sans doute en raison des difficultés nombreuses que rencontre sa réalisation. On détruirait des droits acquis ; mais que mettrait-on à la place ? On enlèverait le gagne-pain des pauvres habitans sans compensation pour eux et pour la plupart des possesseurs de terres, qui n'en feraient ni plus ni mieux. Dans certaines parties de la France et sur certains terrains de toutes les autres parties, ces droits même sont plus utiles que nuisibles ; ce serait donc à tort que là on les atteindrait par une loi générale. Dans l'état des choses, une loi est donc très difficile et pourrait être dangereuse.

Mais que propriétaires, fermiers et cultivateurs, par l'effet d'un bon enseignement agricole, tous soient éclairés, comme ils devraient l'être, sur leurs véritables intérêts et mis à même de justement apprécier les choses, ces droits disparaîtront d'eux-mêmes progressivement ; car tous comprendront que leur suppression est, pour toutes les classes, une source de richesses. Les propriétaires et les fermiers en cultivant mieux le sol qu'ils ne le font, en le tenant toujours couvert d'une récolte quelconque, en interdiront ainsi l'entrée aux bestiaux. Le surcroît de main-d'œuvre qu'exige un bon

système de culture fournira aux pauvres habitans,
une occasion de travail, dont les produits compense-
ront, et bien au-delà, les minces bénéfices qu'ils reti-
raient de la vaine pâture : quelques ares de terre bien
cultivés les mettront, du reste, à même de conserver
leurs bestiaux et de les mieux entretenir, et, par conséquent, d'en retirer plus de profit.

En un mot, que tous cultivent les terres comme
elles doivent l'être, et la vaine pâture n'est plus possible ; mais tous ne le feront que quand ils le sauront,
il faut donc le leur apprendre, mais à tous sans exception ; car, s'il n'y a qu'un petit nombre qui sache et
qui fasse bien, certainement il aura à souffrir de l'ignorance des autres et l'on ne remédiera au mal que très
imparfaitement. L'instruction agricole serait donc plus
efficace que tout autre moyen, pour l'extirper jusque
dans sa racine.

2° LE MORCELLEMENT EXCESSIF DE LA PROPRIÉTÉ.

Si l'on admet comme vrai, quelque contestable que
ce soit dans une foule de circonstances et dans plusieurs
localités, qu'il est une entrave apportée aux bonnes
cultures, ce ne pourrait être, dans tous les cas, qu'en
raison, d'une part, des questions d'enclave, de passage
et de servitudes qu'il souleverait, et d'une autre part,
de ce qu'il exclurait l'emploi des instrumens perfectionnés, et ne fournirait dès lors que des produits trop
coûteux.

Nous avons déjà fait remarquer que le bon sens des
petits propriétaires leur avait fait admettre, quant aux
servitudes, une très grande tolérance envers les voisins,

par suite du besoin de réciprocité qu'ils éprouvent pour leur propre compte ; que le même bon sens les amenait journellement à comprendre quel avantage il résulte, pour eux, d'arrondir leur propriété, tout en arrondissant celle de leur voisin par des échanges à leur convenance mutuelle.

Quant au prix de revient des produits de la propriété morcelée, nous ne voyons pas quelle entrave il peut apporter aux cultures de la grande et de la moyenne propriété, quand surtout ces dernières sont en position de faire disparaître cet inconvénient et de porter un coup mortel à la petite propriété, en faisant aussi bien et même mieux qu'elle par des procédés beaucoup moins onéreux.

Mais si le bon sens des petits propriétaires a déjà produit les effets que nous signalons, quels autres effets ne produirait pas le développement des intelligences ? Supposons, par exemple, qu'un même fief, de la grandeur de cinquante hectares appartienne à cinquante propriétaires différens, et n'ait qu'un seul chemin pour y conduire, et sur lequel dix propriétaires seulement viennent aboutir. Les quarante autres parcelles en sont ensuite plus ou moins rapprochées et sont éparses dans tous les sens, de telle sorte que toutes ont besoin de passage sur d'autres. Ces passages, même avec la plus grande tolérance, sont gênans et onéreux pour tous : mais que les différens propriétaires de ce fief soient tous des hommes éclairés, ils s'entendront bien vite ensemble pour tracer dans ce fief un ou deux chemins d'exploitation qui, pour un léger sacrifice de la part des intéressés, donnera à tous la liberté de leur propriété et les déchargera de toute gêne et de toute contrainte.

Nous pourrions ajouter à cet exemple une foule d'autres aussi concluans ; mais celui-ci suffira, nous le pensons, pour justifier que le mal que peut produire le morcellement provient surtout de l'ignorance, et que l'instruction ou détruirait ce mal, ou, tout au moins, en amortirait les effets.

3° LE MANQUE DE CAPITAUX.

Que le premier individu venu se mette à lever boutique dans une ville quelconque, qu'il se fasse marchand d'allumettes ou de quoi que ce soit, qu'il ait, devant lui, mille francs pour tout avoir, il trouvera toujours et partout, sur sa seule signature, un **crédit** ouvert de trois ou quatre et bien certainement au moins deux mille francs, et exploitera, par conséquent, un capital triple ou quadruple de celui qui lui **appartient**, et souvent même décuple, si on le connaît actif et entendu en affaires, quelque soit, du reste, sa moralité.

Que, d'un autre côté, le plus honnête homme du monde possédant une propriété immobilière valant, nous supposons, vingt mille francs, soit tenté d'exploiter cette propriété en la cultivant. Pour ses achats de graines, d'instrumens et de bestiaux, il lui faut des fonds qu'il n'a pas, six mille francs, par exemple ; il s'adresse à tous les financiers, pas un seul ne veut consentir à lui faire l'avance d'un centime sur sa signature ; avec celle d'un marchand on se déciderait, mais à grande peine, à lui donner, mille ou deux mille francs au plus, remboursables dans trois mois, intérêts, commission, timbre ; etc., huit pour cent retenus d'avance.

Ces conditions ne sauraient lui convenir. Il va chez un notaire qui, après avoir examiné ses titres et avoir soulevé plus ou moins de difficultés, déclare qu'il ne peut donner que quatre ou cinq mille francs tout au plus, remboursables dans deux ans, intérêt cinq pour cent par an, mais qu'il faut pour cela des formalités dont les frais seront encore de quatre ou cinq pour cent en sus, et l'engagement de toute la propriété ; c'est-à-dire qu'il ne pourra qu'à peine, et avec des frais rebutans, se procurer en capitaux la valeur du quart de son actif.

Pourquoi cette différence entre le marchand et le cultivateur, entre le commerce et l'Agriculture ? Pourquoi existe-t-il un crédit commercial et n'existe-t-il pas de crédit agricole ? On n'a voulu généralement en chercher la cause, que dans les vices où l'insuffisance de nos lois et principalement de notre régime hypothécaire. Et partant de là, il faut, suivant les uns, une réforme radicale de la loi sur les hypothèques, suivant les autres, une réforme partielle seulement, et, suivant d'autres, la création de banques territoriales, de banques agricoles, de banques écossaises, des prêts sur gage Prussien et Polonais, et même des monts de piété dont la philantropie lève un impôt de dix ou douze pour cent sur le besoin et la misère pour secourir la pauvreté.

Nous n'entreprendrons pas d'examiner s'il faut toucher à notre régime hypothécaire, s'il faut le réformer radicalement, ou s'il serait suffisant pour rendre moins onéreux et faciliter les emprunts sur hypothèques, de ne les assujétir qu'à un droit de courtage, comme les emprunts sur dépôt de rentes, et de rendre les inscriptions transmissibles, sans frais, par un transfert ou un simple endossement. Nous ne saurions croire à l'efficacité ni des réformes, ni des banques, pour fonder le crédit agricole, dans l'état actuel des choses agricoles.

Malgré toutes les entraves dont il est entouré, l'emprunt hypothécaire a déjà atteint un chiffre très élevé ; on estime à quarante-cinq milliards la valeur immobilière de toute la France, et le chiffre de la dette hypothécaire est porté à treize ou quatorze milliards, c'est-à-dire à près du tiers du capital. Ce doit être son apogée ; il n'y a plus de place pour des hypothèques conventionnelles ; il n'en reste que pour les hypothèques ou légales ou judiciaires. Certainement une diminution de frais rendrait un très grand service aux emprunteurs ; mais elle n'appellerait pas davantage les capitaux et serait insuffisante pour constituer un véritable crédit analogue au crédit du commerce.

Une réforme radicale qui mobiliserait complètement la propriété foncière est entourée de difficultés d'un ordre trop supérieur pour qu'elle puisse s'opérer de longtemps ; il n'y faut donc pas penser sans penser à réformer en même temps la société toute entière.

Quant aux banques agricoles, aucunes ne sont capables de réussir, et l'on peut déterminer d'avance l'époque à laquelle elles seront contraintes de déposer leur bilan, ou, tout au moins, de suspendre leurs paiemens.

Le crédit n'est pas une chose tellement matérielle, tellement malléable, qu'il se prête volontiers aux formes que lui imprimerait une loi et lui obéisse servilement. Il se laisse plutôt guider par son instinct, bon ou mauvais, et ses appréciations morales. Ne reposant pas sur des bases fixes et mathématiques, il donne souvent dans l'extravagance, et semblable aux moutons de Panurge, il saute là où il a vu que l'on sautait. Ainsi, le siècle est à l'agiotage et aux entreprises hasardeuses, le crédit, dans son aveuglement, se jette dans l'agiotage, les sociétés par actions et toutes les entreprises qui se présentent ; le siècle est joueur et ambitieux, le crédit se fait joueur et ambitieux ; c'est l'esprit financier qui domine, le crédit est purement financier.

L'on peut, dès lors, regarder comme certain que le crédit ne se fera agricole que quand l'Agriculture sera à l'ordre du jour. Et, pour qu'elle y vienne, il faut l'ennoblir par l'intelligence et la propagation des lumières. Il faut qu'elle soit comprise par tous, par ceux qui sont appelés à la pratiquer, et par ceux qui n'en font pas l'objet spécial de leurs occupations. Ses intérêts ne sauraient être indifférens à qui que ce soit, elle est liée trop intimement à tous les besoins de chaque membre de la société ; un enseignement rationnel et complet produira ces effets.

Nous ne faisons qu'ébaucher ces idées qui demanderaient sans doute un plus long développement ; mais elles doivent suffire pour faire comprendre, qu'en effet, le défaut d'instruction agricole entraîne, par rapport au crédit, des conséquences qui détournent fatalement les capitaux de l'industrie agricole.

D'abord, les possesseurs des capitaux, n'étant attirés par aucun attrait vers les campagnes, se réfugient dans les grands centres de populations. Le propriétaire vend ses terres pour en porter le prix dans les villes, et retirer, de son capital, un revenu plus considérable, qu'il n'avait pas su tirer de ses propriétés. Le fils du laboureur aisé, rougissant de l'ignoble métier de son père, va demander à la ville des jouissances et une position qu'il ne sait pas se créer à la campagne. Il se fait clerc d'huissier plutôt que cultivateur. Est-il possible qu'avec les idées que se font ces gens-là de l'Agriculture, ils soient disposés à lui confier la plus petite parcelle de leurs capitaux ? Et d'ailleurs, la multiplication de leurs besoins les pousse bientôt à ambitionner de multiplier promptement leurs capitaux, et ce n'est pas dans l'Agriculture qu'ils peuvent voir les chances d'une multiplication assez considérable et assez rapide. L'entreprise la plus folle, la plus extravagante, la plus hasardeuse, est beaucoup mieux leur fait.

Puis, en admettant même la meilleure volonté de la part des capitalistes, en supposant qu'ils tinssent leurs fonds à la disposition des cultivateurs, ceux-ci, il faut le dire, ne se trouveraient pas dans les conditions voulues pour que les capitaux leur fussent confiés ; car, indépendamment des longs termes qu'exige impérieusement leur genre d'opérations, et qui ne sauraient convenir au crédit tel qu'il se pratique, les cultivateurs, pour la plus grande partie, n'offriraient aucune garantie ni réelle, ni morale ; ils ne sauraient ni ne pourraient tirer d'un crédit l'utilité et le parti avantageux qu'exige l'emploi des capitaux, et que peut seule fournir l'intelligence unie à l'activité.

Donnez des capitaux à la plupart des cultivateurs, quel emploi en feront-ils ? Amélioreront-ils leurs terres et les cultures ? Achèteront-ils des bestiaux ? du tout. Ils achèteront d'autres terres, qu'ils cultiveront comme ils ont toujours cultivé, et dont ils auront peine à retirer de quoi payer l'intérêt des capitaux qui leur auront été confiés. Nous avons vu souvent des propriétaires et des fermiers, bien routiniers et bien mauvais cultivateurs, acheter, à l'occasion, des terres pour des sommes assez considérables et les payer comptant de leurs propres deniers. Ce n'étaient donc pas les capitaux qui leur manquaient pour en faire de bons cultivateurs.

En un mot, nous sommes intimement convaincu que ce n'est point, parce qu'ils n'ont pas de capitaux, que les cultivateurs ne savent et ne peuvent pas mieux ; mais que c'est, au contraire, parce qu'ils ne savent et ne peuvent pas, que les capitaux ne vont pas les trouver.

Mais que la culture des terres cesse d'être un jeu de la température et du hasard, qu'elle devienne une industrie aussi positive que la faiblesse humaine peut en organiser. Que les exploiteurs de cette industrie offrent des garanties de capacité, de probité et de travail actif et intelligent, et que les capitalistes soient mis à même d'apprécier tous les avantages de cette industrie nouvelle, et de comprendre qu'elle seule peut fournir les élémens d'une prospérité solide et durable, et n'a pas à redouter les funestes effets de la libre concurrence, alors, et seulement alors, il sera temps de s'occuper à fonder le crédit agricole, s'il ne s'est pas fondé de lui-même et par la seule force des choses.

Par conséquent, s'il est vrai, comme nous n'en doutons pas, que le manque de capitaux, en Agriculture, est subordonné au manque d'instruction agricole, c'est, avant tout, par l'enseignement de l'Agriculture que l'on doit appeler les capitaux et fonder le crédit agricole.

4° LES BAUX A FERME.

Il y a déjà longtemps que les clauses vicieuses de nos baux à fermes ont été signalées à l'attention publique.

On critique, avec juste raison, leur courte durée et la clause que nous voyons insérée dans tous les baux du Poitou, que le fermier ne pourra dessoler les terres, qu'il laissera en jachères, celles qui ont coutume de reposer, et, dans tous les cas, laissera les choses dans l'état où il les a prises, sous peine de résiliation du bail et de dommages et intérêts.

Cette courte durée, déjà si fatale aux progrès agricoles, est encore abrégée, en Poitou, dans la plupart des circonstances. Les baux les plus longs sont de neuf ans, on manque rarement de stipuler que, de trois en trois ans, le bail pourra prendre fin, au gré, soit du bailleur, soit du preneur. Ce n'est plus alors un bail de neuf ans, mais seulement de trois ans. Avec neuf ans seulement, le fermier ne peut songer à améliorer le sol, il n'a d'avantage qu'à l'épuiser ; qu'on juge de ce qu'il en doit être, quand il est à bout tous les trois ans.

Il faut des capitaux pour exploiter une ferme, le propriétaire devrait en faire l'avance ; mais, au contraire, le bail ne manque guères d'en enlever le plus possible au fermier, surtout s'il n'en a pas beaucoup. On stipule le prix de ferme payable d'avance, et l'on enlève ainsi au travailleur ses instrumens de travail.

A moins d'être aveugle, peut-on s'empêcher de voir dans de pareilles clauses et une foule d'autres aussi vicieuses insérées dans les baux à ferme, le fruit de la plus grande ignorance ? Mais là, ce n'est pas le cultivateur qui se trouve le plus ignorant, c'est le propriétaire dont les préjugés le trompent sur ses véritables intérêts et lui inspirent une avidité mal entendue.

Les notaires, de leur côté, rédacteurs de ces clauses, ne comprennent pas l'économie d'un bail à ferme, manquent absolument de connaissances suffisantes en

Agriculture, et sont incapables d'éclairer et le bailleur et le preneur. Leur formule est toute prête, ils la copient servilement sans s'inquiéter si elle n'est pas surannée et en désaccord avec les intérêts bien entendus des parties contractantes.

Un changement de législation au sujet des baux à ferme n'apporterait aucune modification auprès des propriétaires auxquels resterait toujours la liberté absolue de leur propriété, avec leurs préjugés et leur avidité. Une loi ne sera efficace que lorsque les préjugés des propriétaires auront été déracinés, que lorsque les notaires comprendront l'économie des baux à ferme, que lorsque les fermiers sauront aménager la terre qui leur est louée, de la manière la plus avantageuse, et n'auront pas à craindre non-seulement de perdre leurs avances, mais encore d'être exposés aux effets de l'avidité du propriétaire par une augmentation de loyer proportionnée à la plus value qu'ils ont procurée au sol.

Le vice radical est encore là dans le défaut d'instruction agricole, c'est donc encore par l'enseignement qu'il faut l'attaquer, et non-seulement par l'enseignement auprès des cultivateurs, mais évidemment en répandant, dans toutes les classes de la société, sans exception, les connaissances agricoles et en enracinant, dans la nation, le goût de la vie rurale.

5° LE MAUVAIS ÉTAT DES CHEMINS.

La révolution de juillet a donné un élan jusqu'alors inconnu à la création des routes et des voies de communication. Routes royales, routes stratégiques, routes départementales et chemins de grande communication couvrent la France comme d'un réseau. De grandes lignes de chemins de fer vont bientôt relier, entr'eux, les centres principaux de la population. L'agriculture a payé et paie tous les jours la moitié des frais de tous les travaux, et pourtant, si elle en profite un peu, ce n'est qu'indirectement, et, pour ainsi dire, parce que l'on ne peut pas l'en empêcher.

Car, il faut le dire, puisque la vérité le veut, rien de tout cela n'a été fait en vue de la population agricole, mais uniquement de la population des villes, du commerce et de l'industrie manufacturière. On communique avec la plus grande facilité et dans le plus court délai, de Paris à Rouen, de Paris à Bordeaux, etc. ; mais on ne peut pas communiquer du tout, pendant la moitié de l'année, d'un village à un autre, distant de moins d'un myriamètre.

Les premiers conseils généraux se sont jetés, comme sur une proie, sur les routes mises à leur disposition. Ils en ont fait la distribution entre leurs membres et suivant le degré de puissance de chacun d'eux. Ils se sont empressés d'en faire le classement sans études préalables, sans suivre d'autre système que celui de l'égoïsme et de l'intérêt privé ; et leur empressement à tout classer a paralysé, pour longtemps, une meilleure volonté et des vues mieux conçues qui pourraient inspirer désormais les conseils généraux.

Nous pourrions citer telles petites villes et chefs-lieux de canton qui, avant cette curée, n'avaient pas de routes et ont maintenant, ou vont avoir, route royale, route départementale et deux ou trois chemins de grande communication, tandis que dans la Gâtine, par exemple, on laisse environ dix myriamètres de longueur sur six de largeur absolument sans route, et il n'y a peut-être pas, en France, d'endroit qui en ait plus grand besoin.

Après avoir fait contribuer l'Agriculture, ainsi que nous le disions tout à l'heure, pour la moitié des dépenses occasionnées par toutes ces routes, comme l'on s'aperçoit bien que ces routes font peu de chose pour elle, on lui dit : Si tu veux des chemins, fais-en, nous t'en donnons l'autorisation, mais tu paieras, seule, la dépense. Comme si l'industrie agricole pouvait se passer de chemins plus que les autres industries, plus que le commerce, plus que les habitans des villes ; comme si, au contraire, elle pouvait fonctionner sans cela ; comme si sa prospérité n'intéressait pas, au plus haut degré, toute la nation ; comme si, dès lors, les lois de la plus simple équité ne faisaient pas un devoir d'imposer à toutes les industries, réciprocité et partage de toutes les charges !

Sous le nom de prestations en nature, le cultivateur ne voit que le rétablissement des corvées féodales ; aussi ne fait-il son travail qu'avec répugnance, et, par conséquent, très mal, et souvent, même, il ne le fait pas du tout. Il s'ensuit que, contraint et forcé, les chemins agricoles restent dans le mauvais état où ils existaient depuis des siècles, et sont, dans beaucoup de localités, rendus plus mauvais encore par les quelques réparations qu'on leur fait, sans direction et sans intelligence.

La mauvaise viabilité dans les campagnes est un des plus puissans motifs de la répugnance qu'éprouvent les gens riches pour la vie rurale, du dégoût des fils de cultivateurs aisés pour l'industrie agricole de leurs pères ; c'est elle, en grande partie, qui les pousse à déserter les campagnes pour aller dans les villes y chercher le bonheur, et y trouver toujours des déceptions et l'immoralité, souvent la misère, et quelquefois le crime.

La civilisation, dit-on, pénètre partout et étend ses bienfaits jusque sous le chaume du cultivateur : c'est une erreur. L'on ne songe pas que la civilisation est une grande dame qui ne voyage qu'en voiture et qui, par conséquent, n'a jamais visité et ne visitera que les lieux où l'on peut arriver par des chemins praticables aux voitures.

L'obstacle aux progrès de l'Agriculture qu'entraîne le mauvais état de la viabilité dans les campagnes est, peut-être, de tous ceux qu'on signale, celui qui se rattache le moins directement au défaut d'instruction agricole. Les citadins, les commerçans, les industriels, sont toujours là pour crier le plus fort et se fourrer partout où il y a quelque chose à exploiter à leur profit. Ils sont organisés et tout puissans ; ils font tout, mais uniquement pour eux et sans s'inquiéter de l'Agriculture, dont la voix n'est entendue nulle part. C'est donc au défaut d'organisation de l'Agriculture, que doit être adressé le reproche direct.

Mais si l'Agriculture n'est pas organisée, si elle n'est représentée, pour ainsi dire, dans aucuns des pouvoirs de l'état, ne serait-ce pas par l'effet de l'ignorance des cultivateurs ? Aux conseils municipaux, aux conseils d'arrondissement, aux conseils généraux et à la chambre des députés, qui envoient-ils quand ils sont appelés à voter ? Des financiers qui ne rêvent qu'agiotage et ne voient les intérêts de la France que dans leurs propres écus ; des avocats qui ne voient que l'occasion de faire briller leur éloquence froide et incapable d'amener des résultats ; des notaires habitués à formuler la clause qui

défend de dessoler les terres, celle qui ordonne de laisser
en jachères les terres qui ont coutume de reposer, etc.;
des négocians qui trouvent partout l'occasion d'une
spéculation commerciale ; des médecins dont l'aptitude
à la guérison des plaies n'est pas suffisante pour celles
de la société ; des militaires, dont les armes sont toujours prêtes pour la destruction des ennemis de la
France, mais sont impuissantes pour la production,
quand elles ne lui sont pas hostiles ; et des Agriculteurs......, jamais.

Peut-il être un instant douteux que, plus éclairés et
mieux instruits de leurs droits, les cultivateurs ne se
traîneraient pas ainsi à la remorque de gens qui se
rient d'eux et ne les cajolent que pour les exploiter ?
Et, pour rentrer dans nos mauvais chemins, dont nous
n'avons pas pu nous empêcher de nous écarter, que
si les cultivateurs étaient aptes à avoir accès au pouvoir, ou assez intelligens pour n'y pousser que les plus
capables d'entr'eux, ils ne viendraient pas à bout d'obtenir justice, en demandant une bonne viabilité pour
l'Agriculture, comme il en existe une pour les autres
besoins de la société, et que tous contribuent à la dépense pour elle, de même que l'Agriculture contribue
pour les autres.

6° DIVERS SUJETS.

Beaucoup de personnes se plaignent encore des défauts des domestiques qu'ils sont forcés d'employer
quand ils veulent se livrer à la culture et à l'exploitation de leur domaine. Les domestiques sont indolens,
paresseux, gourmands, rapineurs, et généralement

pleins de mauvaise volonté....., ignorance de part et d'autre : maîtres qui ne savent pas commander et domestiques qui ne savent pas obéir.

L'homme d'une classe un peu élevée apporte rarement, dans une exploitation rurale, les qualités qu'il devrait réunir : connaissance approfondie de la culture, esprit d'ordre, sentimens d'humanité, douceur de caractère, patience et délicatesse à toute épreuve. Avec ces conditions, il doit avoir de bons serviteurs, qui s'attacheront à leur maître et rempliront bien leurs devoirs. Autrement, il ne peut pas avoir de point de contact avec les gens de la campagne, déjà trop disposés à le considérer comme un ennemi et à en faire leur proie, en abusant de sa maladresse et exploitant ses défauts. L'instruction chez les uns et chez les autres doit inévitablement faire disparaître ou beaucoup modifier la gravité de cette fausse position.

Pas un seul cultivateur ne tient une comptabilité régulière ; presque tous n'en tiennent même d'aucune espèce. Ils ne savent si l'année a été bonne, qu'en comparant l'argent qu'ils ont avec celui qu'ils avaient l'année précédente. Ils ne jugent qu'en masse et n'ont jamais eu l'idée de comparer leurs divers produits à l'aide d'une comptabilité par dépense et produit, pour savoir lesquels sont le plus lucratifs, et, par suite, abandonner ceux qui ne sont que dispendieux, pour se livrer davantage à ceux qui donnent les plus grands bénéfices...... ignorance.

Les fermes sont à peine habitables pour les cultivateurs ; les étables trop peu nombreuses sont trop étroites, malsaines et privées d'air, les propriétaires ne veulent entendre parler ni de reconstructions, ni de réparations d'aucune espèce...... ignorance de leur part.

Dans les villes, on laisse perdre des énormes quantités de matières qui, si elles étaient recueillies et livrées à l'Agriculture, contribueraient puissamment à sa prospérité. A Poitiers, on sait tirer parti des matières fécales de l'homme, et les fermiers vont les chercher de deux ou trois myriamètres de distance, par des chemins affreux. Mais dans les autres villes, à Niort, surtout, autour des monumens publics et dans la plupart des rues, les preuves ne manquent pas de l'incurie qui règne à cet égard. Une foule d'autres matières, qui feraient d'énergiques engrais, sont abanbonnées partout..... ignorance et toujours ignorance.

Les instrumens aratoires sont mal confectionnés, fatigans pour les bestiaux, fatigans pour ceux qui les conduisent, la plupart impropres au service auquel ils sont destinés....... ignorance encore, ignorance de ceux qui les confectionnent, et ignorance de ceux qui s'en servent.

La marne produit des effets prodigieux dans plusieurs contrées de la France et notamment dans le voisinage du Poitou, c'est-à-dire dans le Limousin. En Poitou, l'on ne sait ni ce que c'est que de la marne, ni si l'on en a, ni si elle serait utile, ni comment elle s'emploie pour amender les terres.... profonde ignorance.

La santé des bestiaux est confiée, la plupart du temps, au charlatanisme le plus inepte et souvent au sorcier..... ignorance. Quelques notions de l'art vétérinaire pour les premiers soins à donner au bétail malade, répandues chez tous les cultivateurs, leur feraient comprendre que, raisonnablement, ils ne peuvent avoir recours, pour les cas qui dépassent leurs connaissances, qu'aux hommes qui en ont fait l'objet spécial de leurs études, aux médecins vétérinaires.

Les irrigations ou l'emploi de l'eau pour fertiliser les terres et faire d'excellentes prairies des sols qui ont, jusqu'à présent, paru le plus ingrats, sont praticables dans une foule de localités où l'on ne paraît même pas s'en douter. Pourquoi ne tire-t-on pas parti des eaux que l'on a à sa disposition ? Parce que l'on ne sait pas ni que ce soit possible, ni comment s'y prendre. L'art des irrigations est entièrement ignoré en France. De grands propriétaires qui ont voulu faire des irrigations sur une grande échelle, ont été obligés de faire venir, à grands frais, des ingénieurs de l'Italie, où cet art a fait de grands progrès.

Des pièces de terre, dont le sol est excellent, se couvrent d'eau et restent noyées pendant une grande partie de l'année ; les récoltes s'y perdent et l'on renonce à les cultiver. Il y a pourtant moyen de les assainir, quelquefois en perçant tout simplement le sol et le sous-sol, et presque toujours en établissant des fossés couverts ou de simples rigoles ; mais on ne sait pas cela.

Il est des industries qui tiennent essentiellement à l'Agriculture, les sucreries, les distilleries, les fromageries et une foule d'autres qui utiliseraient des matières dont on ne tire aucun parti et beaucoup de temps qui est tout-à-fait perdu. Pourquoi, dans le Poitou, ne voyons-nous aucune de ces industries ? Parce que l'on ne sait pas.

Les produits de l'horticulture, en plantes potagères et fruits, sont tout à la fois et très lucratifs et d'une immense ressource pour l'entretien et le bien-être des fermes. Et pourtant rien n'est plus négligé dans les campagnes ; c'est encore parce que les différentes cultures qu'exigent le jardinage et les arbres à fruits y sont ignorées.

Nous n'en finirions pas si nous voulions passer en revue tous les objets relatifs à l'Agriculture, qui sont marqués au coin de l'ignorance, et sur lesquels elle produit les plus funestes effets. Qu'il nous suffise d'avoir indiqué ceux-ci, et hâtons-nous de passer à un sujet plus important :

ET 7° ÉCONOMIE POLITIQUE.

Il ne suffit pas de fabriquer des produits, des denrées ou des matières premières, pour être converties ou en alimens, ou en vêtemens, ou en toute autre chose. Il ne suffit pas de travailler et toujours travailler, produire et toujours produire en aveugle et à l'aventure ; il faut que la production se règle sur les besoins de la consommation, et se subordonne à ses exigences et même à ses caprices.

Pour qu'un produit quelconque soit lucratif, il faut qu'il soit assuré de débouchés, soit à l'intérieur, soit dans les colonies, soit à l'étranger ; mais ces débouchés sont soumis à l'influence des lois, des impôts de toute nature directs ou indirects, des tarifs d'octrois et de douanes, de la concurrence intérieure ou extérieure, des relations internationales et des traités de commerce.

Si le travail et la production étaient organisés d'une manière régulière sous la direction du pouvoir, les cultivateurs n'auraient à s'occuper que de produire ce qui leur serait demandé, sans s'inquiéter des dé-

bouchés qni seraient prévus et assurés. A défaut de
direction supérieure, c'est à leur seule intelligence
qu'est imposé le soin d'apprécier les influences diverses
qui peuvent agir sur les produits qu'ils fabriquent, et,
dès lors, de rechercher et d'étudier toutes les causes
de ces influences.

Ainsi, un cultivateur veut produire de la laine, il
fera une bonne ou une mauvaise spéculation suivant
qu'il saura ou ne saura pas si la consommation, si la
mode veut de grosses laines ou des laines fines, si
l'étranger n'en produit pas de conformes à la mode,
des quantités considérables qu'il peut donner à meilleur
marché, et qu'il importe en France librement ou
moyennant un droit de douane illusoire.

Des vins. — Il faut préalablement qu'il s'enquière
si, à l'intérieur, les droits de circulation, de passavant,
de passe-debout, d'acquit à caution, de licence, de
vente en gros, de vente en détail, d'octroi, d'entrée,
de taxes, de surtaxes et du décime de guerre en sus de
l'impôt foncier, ne rendent pas la consommation du
vin inaccessible pour près de la moitié de la population, et ne sont pas une prime offerte à la fraude et
aux falsifications, et si les fabriques de vins de toute
espèce, à bon marché, ne font pas une concurrence
déloyale et mortelle aux vins de crûs réels.

Des eaux-de-vie. — Si, à l'extérieur, l'Angleterre et
les puissances du nord, pour lesquelles les alcools sont
des objets de première nécessité, n'ont pas trouvé moyen
d'en fabriquer avec des pommes de terre ou d'autres matières, de manière à subvenir largement aux besoins de
leur consommation : si ces puissances n'ont pas frappé
de prohibition les eaux-de-vie, en les assujétissant,
comme a fait l'Angleterre, à des droits de douane de

six cents pour cent ; et si, par conséquent, la consommation étant réduite à peu près aux besoins de l'intérieur, une production excessive ne serait pas une faute, surtout avec la concurrence qu'apportent les trois-six qui se fabriquent en France.

Des bestiaux. — Si certaines puissances voisines ne sont pas à même d'en fournir pour tous les besoins de la consommation, à beaucoup meilleur marché qu'il n'est possible en France, en raison de la différence des impôts payés respectivement ; si cette production est suffisamment protégée, en France, par des droits sur l'introduction des bestiaux étrangers ; si, à l'intérieur, les droits d'octroi ne sont pas tellement excessifs qu'ils restreignent considérablement la consommation, et si les systèmes de taxe, au poids ou par tête, tant aux octrois qu'à la frontière, sont des encouragemens aux gros ou aux petits bestiaux.

Des huiles. — Si, d'abord, la culture des plantes qui fournissent l'huile, diminue, ou non, la fécondité du sol, et lui emporte plus qu'il ne lui rend ; si, ensuite, les graines que produit le sol de la France, n'ayant qu'un rendement, en moyenne, de trente-trois pour cent d'huile médiocre, sont capables de soutenir la concurrence avec des graines étrangères, qui rendent cinquante-cinq pour cent, et plus, d'huile de la meilleure qualité ; si ces graines étrangères sont frappées, à l'introduction, de droits proportionnés avec leur rendement, ou tout-à-fait illusoires ; si, par exemple, la graine de sésame qui rend plus de cinquante pour cent, dont l'Egypte et la Syrie fournissent à l'importation pour plus de vingt millions de francs, en ne prenant, en échange, à l'exportation, que pour deux millions de produits français, et qui n'est frappée que d'un droit de cinq francs pour cent kilogrammes , peut laisser place aux graines oléagineuses de France. Et si , surtout, ces graines peuvent tenir contre la spéculation frauduleuse des fabricans de savons , à Marseille , qui ont trouvé moyen de se faire rembourser par l'état trente-trois francs quarante centimes sur les cinq francs qu'ils paient pour l'introduction de la sésame.

Pour les plantes textiles et, en général, tous les produits, il est également impossible d'entreprendre de les fournir , sans connaître les diverses influences auxquelles ils sont soumis. Et, pourtant, quels sont les cultivateurs qui aient la moindre notion à cet égard ? Quels sont ceux qui sachent les causes des hausses et des baisses de certains produits, fluctuations qui les étonnent, qui les prennent toujours au dépourvu, qui apportent la perturbation dans leur industrie et causent souvent leur ruine.

Toutes ces connaissances font l'objet des enseignemens d'une science toute nouvelle, sous le nom d'économie politique , qui , malgré son importance , n'est encore propagée que par un ou deux professeurs seulement , dont les cours ont lieu à Paris pour toute la France.

L'économie politique produit , pour la richesse et la prospérité des nations , les mêmes effets que l'économie domestique bien entendue produit pour la richesse et la prospérité de chaque famille. Et comme , après tout, la prospérité d'une nation n'est que l'expression de celle des individus qui la composent, et qu'elles sont subordonnées l'une à l'autre , il s'ensuit que chaque individu, membre de la nation, ne doit pas plus demeurer étranger ou indifférent aux notions de l'économie politique qu'à celles de l'économie domestique.

Le cercle des attributions de l'économie politique est aussi vaste que le cercle de toutes les relations des hommes entr'eux, d'individus à individus, d'individus à puissances, et de puissances à puissances. Ses investigations portent sur tout ce qui peut intéresser l'humanité moralement comme physiquement. Tout ce qui peut apporter des améliorations au bien-être des hommes, fait l'objet de ses études.

Ainsi l'économie politique recherche quels points de liaison peuvent avoir entr'eux tous les intérêts divers de la société, quelle influence ils exercent respectivement les uns sur les autres, si les souffrances des uns n'entraînent pas les souffrances de tous, ou seulement de quelques-uns des autres, et comment combiner l'équilibre à établir entr'eux.

Elle recherche, par exemple, pour nous rapprocher de notre objet spécial, si l'Agriculture, les manufactures et le commerce, ne sont pas trois industries qui sont sœurs, si elles ne sont pas tellement liées entr'elles qu'elles doivent toujours se soutenir réciproquement, et si leurs intérêts ne sont pas, sous presque tous les rapports, tellement unis, tellement indivisibles, que le malaise de l'une exerce inévitablement la plus fâcheuse influence sur les deux autres.

Si, dès-lors, la prépondérance des manufactures et du commerce sur l'agriculture n'est pas mortelle pour celle-ci; s'il est juste en principe, et s'il peut être, en fait, avantageux de toujours la sacrifier aux deux autres.

Si la contribution proportionnelle aux charges de l'état, voulue par la Charte, est bien une réalité et ne pèse pas avec le plus de force, par rapport aux impôts de toute nature, sur l'agriculture et la propriété foncière. Si des priviléges, à cet égard, existent et doivent exister, et s'il ne doit pas y avoir, au contraire, égalité parfaite.

Si, dans tous les cas, la proportion des droits ne devrait pas être la même que celle des devoirs à remplir. Si, dans le grand débat des intérêts de tous, l'Agriculture joue bien le rôle que sa position et les devoirs dont elle s'acquitte, pourraient la mettre en droit de demander. En un mot, si l'on fait pour elle ce que l'on fait pour d'autres, et s'il ne serait pas à propos de maintenir plus exactement la balance.

Si la consommation des objets de première nécessité a bien toute l'extension qu'elle comporterait, et s'il n'y aurait pas moyen d'y faire participer les millions d'hommes pour qui, par exemple, soit le froment, soit le vin, soit la viande, sont choses à peu près inconnues.

S'il ne serait pas plus humain d'abord, et en même temps, de la meilleure politique, de porter tous les efforts à créer le débouché de ces produits à l'intérieur, avant de songer à se donner tant de peines, pour en ouvrir à l'extérieur.

Si, dans les rapports établis entre la production et la consommation, les intérêts de l'une et de l'autre ne doivent pas être simultanément conservés, et l'équilibre maintenu d'une manière équitable. Par exemple, s'il ne serait pas désastreux, tant pour les producteurs que pour les consommateurs eux-mêmes, ou que les céréales ne pussent être vendues qu'au-dessous du prix de revient, ou qu'elles ne pussent l'être qu'à des prix excessifs.

Si la mendicité n'est pas le fléau des campagnes, comme elle peut l'être des villes. Si les aumônes ne sont pas purement onéreuses pour ceux qui les font et insuffisantes pour ceux qui les reçoivent. Si, dès-lors, il ne conviendrait pas d'aviser aux moyens de faire disparaître cette plaie de la société, et si, dans l'intérêt de tous, on ne pourrait pas employer les mendians valides, ainsi que les orphelins, à des travaux agricoles.

Si les instrumens perfectionnés et les machines qui simplifient et diminuent le travail de l'homme, sont un malheur pour la classe ouvrière, ou un bienfait pour tous.

Si les chemins de fer ne sont pas appelés à exercer la plus grande influence sur la production et la consommation, en transportant d'un bout de la France à l'autre, dans un délai inappréciable, les produits de toute nature spéciaux à chaque diverse contrée ; et si, par suite, les effets de cette influence ne doivent pas être étudiés et suivis de très près, pour mettre en harmonie la production avec la consommation, donner le plus grand développement aux produits qui sont le privilége de chaque contrée, et restreindre ceux que toutes, ou particulièrement quelques-unes, peuvent fournir avec autant et plus de facilité.

Si l'instruction n'est pas le moyen le plus efficace d'augmenter la puissance du travail, et si, par conséquent, le gouvernement ne doit pas s'attacher à la répandre dans toute les classes de la société.

Nous ne taririons pas, si nous voulions entrer dans le détail de toutes les matières qui sont du domaine de l'économie politique. Les quelques exemples que nous venons de citer, suffiront pour faire comprendre son immense importance et donner une idée de l'étendue de ses attributions.

Une telle science peut-elle désormais rester le privilége exclusif de quelques intelligences d'élite ? Ne doit-elle pas plutôt former l'un des élémens et le complé-

ment de l'instruction de tous les membres de la société?
Approfondie par quelques-uns, elle deviendra positive,
en écartant les systèmes erronés ; et, comprise par tous,
elle moralisera la nation et assurera sa prospérité.

RÉSUMÉ

ET

CONCLUSION.

—

Le but que nous nous sommes proposé, dans cet écrit, consiste principalement dans l'étude de l'état où se trouve l'Agriculture des parties du Poitou, que nos explorations nous ont mis à même d'examiner et de connaître d'une manière plus approfondie que celles que nous ne connaissons que très superficiellement, et dont, par ce motif, nous n'avons pas cru devoir nous occuper.

Pour atteindre ce but plus sûrement et surtout plus logiquement, nous avons posé d'abord les principes qui doivent diriger en Agriculture, et qui, dès lors, devaient servir de base à nos recherches et de terme de comparaison pour asseoir notre jugement sur l'objet de nos investigations.

Nous avons ensuite examiné successivement les différens modes de culture adoptés, suivant la différence qui existe dans la nature du sol et sa division en deux grandes zônes, les Plaines et le Bocage, et suivant la différence qui existe dans le mode de possession du sol, et sa division en grande ou moyenne propriété et petite propriété.

Puis, faisant un rapprochement entre les principes de la culture et l'état dans lequel nous l'avons trouvée partout, nous avons été tout naturellement amené à porter notre jugement, à mettre en saillie ce qui nous paraissait être bien comme ce qui nous paraissait être mal, et à redresser les erreurs partout où nous en reconnaissions.

Il résulte de l'examen des cultures du Poitou, qu'en général les progrès n'y sont pas très sensibles. Beaucoup de modes vicieux sont encore suivis dans de très grandes proportions. Les méthodes raisonnées ne sont encore adoptées que par le plus petit nombre. C'est toujours la routine qui domine. Les engrais sont aussi négligés aujourd'hui qu'ils l'ont été de tout temps. Le nombre des bestiaux ne prend pas un assez grand accroissement ; on ne cultive pas assez de plantes fourragères, ou du moins, l'on ne récolte pas assez de fourrages ; on ne s'occupe pas suffisamment de plantes sarclées ; on conserve des instrumens vicieux, et l'on ne s'en procure pas de meilleurs et plus perfectionnés.

Dans les Plaines, les cultivateurs se donnent toutes les peines du monde pour travailler et ensemencer la plus grande étendue de terre qu'ils peuvent, sans songer à la dépense excessive qu'occasionnent les labours, les semences et la récolte d'un mince produit sur une grande superficie de terrain ; et qu'ils peuvent, quand ils le voudront, réduire cette dépense des deux tiers, et récolter au moins autant en n'ensemençant que le tiers des terres qu'ils ensemencent, mais en lui donnant tous les engrais qu'ils disséminent sur la totalité.

Dans le Bocage, au contraire, on ne laboure et ne travaille que le moins possible, et l'on ne prend même pas la précaution de semer quelques fourrages et de cultiver quelques racines pour subvenir aux éventualités et suppléer, au moins pendant quelques jours, au manque de pâturages qu'occasionne souvent l'intempérie des saisons, et qui exerce des effets si funestes sur les bestiaux.

Nous croyons donc être dans le vrai, en disant qu'en Poitou l'Agriculture ne marche pas comme elle devrait marcher. Et tout le monde le reconnaîtra comme nous, surtout si l'on compare ses cultures avec celles des contrées où l'Agriculture a fait les plus grands progrès ; par exemple la Flandre et la Belgique.

Enfin, pour compléter notre œuvre, après avoir constaté cet état à peu près stationnaire, nous avons voulu rechercher les causes du peu de progrès de l'Agriculture, et les obstacles qui s'opposent à son développement, pour en arriver à faire disparaître ces causes et ces obstacles, ou du moins à y apporter un remède autant qu'il pourrait être en nous.

Une foule d'obstacles aux progrès de l'Agriculture étaient déjà signalés, par les Agriculteurs, à l'attention publique. Nous les avons examinés séparément et en masse, et nous sommes demeuré profondément convaincu qu'ils n'étaient pas eux-mêmes chacun une cause, mais seulement les effets d'une cause unique, d'une cause principale à laquelle ils étaient tous subordonnés.

Cette cause est, suivant nous, le défaut d'instruction agricole, auprès de toutes les classes de la société. Nous croyons l'avoir démontré par les développemens dans lesquels nous sommes entré consciencieusement et avec conviction, et non pas pour soutenir, par des argumens plus ou moins spécieux, une thèse que nous nous serions créée à plaisir.

Aimant passionnément l'Agriculture, si pourtant nous nous étions laissé aveugler au point de confondre, nous-même, les causes avec les effets et les effets avec les causes, ou de prendre pour cause principale ce qui ne serait qu'un accessoire, nous ne commettrions toujours pas d'erreur en disant que si le défaut d'instruction agricole, dans toutes les classes de la société, n'est pas la cause principale de tous les obstacles aux progrès de l'Agriculture, il est, tout au moins, le plus grave de tous ces obstacles, et celui sur lequel il importe le plus d'appeler l'attention.

Nous avons dit dans une circonstance solennelle : « En France, tout le monde s'occupe d'Agriculture ; les uns y consacrent leur jeunesse et leur existence, ce sont les agriculteurs de profession ; les autres vont reporter sur les champs les fruits qu'ils ont récoltés dans d'autres industries, dans le commerce, dans les arts et dans toutes les autres carrières. » Il est, en effet, bien peu de citoyens, indépendamment des vingt-cinq millions de travailleurs agricoles, mais parmi même les huit autres millions de la population, qui n'ait, dans le cours de sa vie, des intérêts agricoles et des rapports directs avec l'Agriculture. Et tous ignorent ou, du moins, on ne leur a jamais appris, les principes et les premiers élémens de la science agricole ; tous sont, par conséquent, plus ou moins empê- chés, quelque soient leurs talens et leurs connaissances par ailleurs.

La conséquence naturelle à tirer est donc celle-ci : que personne, en France, ne doit demeurer étranger à l'enseignement de l'Agriculture, et que l'on doit donner à tous des connaissances premières qui ne s'oublient jamais et qu'on retrouve lorsqu'il s'agit de les appliquer.

Si, malgré l'ignorance où elle a été laissée sur tout ce qui concerne l'Agriculture, la génération actuelle a su pourtant lui imprimer l'élan que nous lui voyons donner, si elle a eu assez de sagacité pour sentir la nécessité de porter son attention sur la culture des terres, elle doit compléter la tâche qu'elle a entreprise en fournissant à la génération qui va suivre, toute l'instruction dont la nécessité se fait si impérieusement sentir. Nous avons cent fois maudit nos pères de ne nous avoir jamais rien enseigné à cet égard, il ne faut pas que nos enfans nous maudissent pour le même sujet.

Pour dégager l'Agriculture de ses entraves, on propose d'apporter une foule de modifications à la législation qui nous régit. Que ces modifications soient plus ou moins praticables sans toucher à toute l'organisation sociale, qu'elles soient plus que de simples replâtrages, elles n'auront jamais, avec l'ignorance, l'efficacité qu'elles puiseront dans les lumières et dans l'intelligence que développera l'instruction.

Et que l'on ne vienne pas nous dire ce que nous avons entendu un jour : que l'on enseignait déjà trop de choses à la jeunesse, et qu'il n'était pas raisonnable de vouloir encore lui enseigner l'Agriculture..... Oui, sans doute, on enseigne trop de choses, mais trop de choses inutiles. Sur les neuf ou dix années qu'on lui fait passer au milieu du grec et du latin, qu'on en donne deux seulement à l'enseignement des sciences applicables à l'Agriculture ; la jeunesse n'en saura pas pour cela moins de grec et de latin qu'il ne faut pas autant de temps pour apprendre même à fond, et elle sera réellement plus instruite sans surcroit de fatigue pour elle.

Nous sommes si profondément convaincu de l'indispensable nécessité de l'instruction agricole pour tous, et des bons effets qu'elle est appelée à produire, que nous ne cesserons de la demander partout et toujours, que lorsque nous la verrons organisée sur une vaste échelle.

Pour en terminer, nous rappellerons ce que nous avons écrit ailleurs. Avec un système d'éducation meilleur, c'est-à-dire dirigé davantage vers la science agricole, les jeunes gens comprendront qu'ils peuvent trouver là, tout autant, sinon plus qu'ailleurs, un vaste aliment pour leur esprit, le contentement de l'âme et le chemin de la fortune et même de la gloire.

FIN.